QING LAN
青蓝童书馆

50 岁的奥斯特瓦尔德

给孩子的化学课

化学原来 可以这样学

[德]F.W.奥斯特瓦尔德◎ 著

李文桨◎ 译

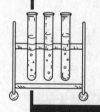

·化学校园3·

天津出版传媒集团

天津科学技术出版社

第五十课 | 钠（一）

师　从今天起，我们开始学习无机化学中关于金属的知识。

生　您以前说过，在所有元素中，金属元素的种类是最多的。我们用了很多时间学习非金属，金属是不是更难呢？

师　并不难，因为我们已经学会了很多定律，可以直接应用它们，而且金属化学其实比非金属化学更简单。

生　怎么会更简单呢？

师　金属的化合物多数是盐类化合物，而盐类在水溶液中的性质很容易研究，我们只要知道金属离子的性质就可以了（第三十七课）。金属只能构成一到三种简单的金属离子。

生　那我就放心了。

师　你还像以前那样喜欢化学吗？

生　当然喜欢，其实我更喜欢听您讲解化学物质的用途和特殊性质。

师　这很好办，铁、铜、铅等都是最早被人们用来制造器具的金属。用不了多久，你就能把这种特性与你以前学到的定律结合起来，等你掌握了这些定律的实用性，你就会觉得金属化学非常有趣。

生　我觉得化学要以实践为主，那些定论只是一些冰冷的理论。

师 你的想法听起来和一些实用主义者一样。但你想一想，为什么我告诉你这些定律呢？

生 这让我怎么回答呢？应该是让我运用它们吧！

师 是的，如果你能正确地运用这些定律，那你就可以未卜先知了。

生 哈哈，我也可以当预言家吗？

师 当然可以，你知道今天要上课，所以你才过来，不然你怎么会来呢？

生 您这样说，我当然无言以对，那您也可以不来啊！

师 那可不行，上课是我的职责，除非我生病了，所以我来上课的概率是很大的，你来上课也是一样的道理。

生 但也只是概率，并不会必然发生。

师 从某种意义上来说，必然事件就是最大概率会发生的事情。我们知道明天太阳会照常升起，这也是一种预言啊！

生 这个人人都知道。

师 是啊，这是人人皆知的自然规律，我们可以推测出什么时候会出现日食，只是并非每个人都知道根据什么规律来预测。对于一些预言，虽然我们不知道其中的依据，但我们相信它们是对的，以前科学家所做的某些关于天文的预测就很准确。

生 因为那些预测是通过计算得出来的。

师 无论计算与否，事情都不会因此发生变化。恰恰相反，我们需要对某件事情十分熟悉，才能通过计算来对它进行预测。计算只是一种有效降低差错率的方法而已。

生 但有很多预测与后来所发生的实际情况并不一致。

师 之所以这样，是因为理论本身有问题，或是人们误用了理论。一条理论再好，如果应用不当，也是毫无作用的。

生 那还是经验比较靠谱。

师　光凭经验是不够的，如果我们总是凭经验得出结论，那就相当于我们无形之中认定了这样一条规律：事情最初是什么样，未来也一定是什么样。

生　难道不是这样吗？

师　我说过很多次了，当我们觉得某件事情理所当然的时候，很有可能是我们没有考虑周全。很多实用主义者都认可这条规律：只要满足一种现象的初始条件，它就可以再次发生。但前提是我们必须熟悉所有条件，把各种需要满足的条件都找出来，这才是科学的宗旨。

生　但实用主义者在讨论某些事情的时候，比某些理论家靠谱多了。

师　在小范围内，实用主义者比较有经验，但他们总是无法应对新的情况。言归正传，我们继续讨论金属吧。先来讲一讲钠，你还记得关于它的知识吗？

生　钠是一种银白色的轻金属，很容易和氧气结合，可以用它把很多化合物中的氧提取出来，比如水里的氧。

师　水分解后会生成什么物质呢？你把化学方程式写出来看看。

生　$2Na+2H_2O = 2NaOH+H_2\uparrow$，会生成氢氧化钠和氢气。

师　你见过氢氧化钠，你还记得它的特点吗？

生　它是白色的，易溶于水，它的水溶液可以使石蕊试纸变蓝，所以它也是一种碱。

师　碱是什么呢？

生　碱是一种可以和酸构成盐的物质，它们大多是金属和氢氧根形成的化合物。比如，氢氧化钠可以与盐酸发生反应，方程式是 $NaOH+HCl = NaCl+H_2O$。碱里面的氢氧根和酸里面的氢离子形成水，其他离子就可以形成盐了。

师　是的，氯化钠是一种什么盐呢？

生　氯化钠就是普通的食盐。

师　是的，氯化钠是自然界中产量最多的钠盐，海水中含有大量氯化钠。固态的氯化钠还包括岩盐。

生　我见过岩盐，它是红色的。

师　岩盐里面通常含有氧化铁，所以会呈现出红色。氯化钠很容易溶在水里，在室温下，100 份水可以溶解 36 份氯化钠。当水温达到 100 摄氏度时，则可以溶解 39 份氯化钠。食盐和其他盐不一样，它的溶解度不会随着温度的上升而发生很大变化，这是食盐的特性。

生　温度越高，液体就越容易蒸发，我还以为所有盐的溶解度也会有相似的变化。

师　蒸发和溶解确实有相似的变化，但温度对它们的影响程度不同。你即将学到一些盐类物质，这种物质在高温时要比它们在低温时更难溶解。现在，我们可以用岩盐来制造其他钠化合物。

生　为什么不用食盐呢？那不是更划算吗？

师　其实并不划算，因为 30 ~ 50 份海水中只含有 1 份食盐，蒸发水分所消耗的费用都要超过食盐的价格了。在那些气候炎热的地方，人们通过阳光蒸发海水，从而提取出食盐。在陆地上，我们也可以找到一些含盐量比海水更高的泉水，通过加热来蒸发水分，提取出氯化钠。

生　为什么不把它们放在空气里风干呢？这种方式又方便又划算。

师　这种方法只适用于空气十分干燥或阳光很强烈的地方，尽管可以成功，但需要花费很长的时间。实际上，只有小部分氯化钠被用作烹饪，大部分氯化钠都被用于化工业中，主要用来制造氢氧化钠和苏打。

生　所以需要把氯从氯化钠中取出来。

师　是的，我们可以通过电解法来制备氢氧化钠（第三十五课）。氯化钠中含有氯离子 Cl^- 和钠根 Na^+。我们在氯化钠溶液中通电，钠根就会流向正极，氯离子则会流向负极。也就是说，阳极会有氯析出——你知道阴极会有什么现象吗？

生　阴极会析出钠，您为什么摇头呢？啊，我记起来了！钠会和水发生反应，所以不可能在阴极上面析出，而是生成氢氧化钠（第三十五课）。

师　没错，这样我们就可以得到氢氧化钠了。为了不让它与阳极上的氯气发生反应，我们必须用一种带孔壁的装置把阴阳两极隔开。虽然这种装置可以导电，但液体和气体无法通过。另外，必须使用防护材料制造电极，以免它被氯和氢氧化钠损坏。我们一般用铂或人造石墨来制造阳极，用铁片制造阴极。

生　这种装置一定很复杂吧？

师　是的。除了电解法，我们还经常用分解法制造苏打呢！

生　我知道苏打是一种白色的盐，但我不知道它的化学成分是什么。

师　苏打就是碳酸钠，它的化学式是 Na_2CO_3。市面上有两种苏打，一种含有结晶水，另外一种不含结晶水。由于水分可以蒸发，所以含结晶水的苏打通过小火加热后会脱水。

生　什么是结晶水呢？

师　许多盐类在其水溶液中结晶时会吸收水分，含水的苏打可以写成 $Na_2CO_3 \cdot 10H_2O$。结晶水和盐类是化合在一起的，它们的比例可以通过化学定律来决定。结晶水在加热时会变成水蒸气，所以剩下来的就是含水量较少或不含水的盐了。这里有含有结晶水的苏打和不含结晶水的苏打，它们都是白的，你计算一下晶体里面到底有多少水呢？

生　一分子碳酸钠（Na_2CO_3）是 106.00 克，十分子水（H_2O）是 180.20 克。水比盐多，但它却是固体……难道那些水都是冰吗？

师　你的计算是对的，但结论是错。苏打中的结晶水和普通的水不一样，不然它就应该和水一样呈液态了。含有结晶水的苏打容易失水，而不含结晶水的苏打容易和水结合形成晶体。此外，碳酸是一种弱酸，而盐酸是一种强酸，所以我们不可能用碳酸把盐酸从氯化钠溶液里赶出来。

生 那怎样才能生成盐酸呢？

师 硫酸参与反应会生成什么物质呢？我之前已经告诉你了（第三十六课），你把方程式写出来。

生 $2NaCl+H_2SO_4 = 2HCl\uparrow+Na_2SO_4$。

师 没错，用浓硫酸可以制备盐酸。

生 这样岂不是更难吗？因为硫酸不可能赶出碳酸。

师 这一点是对的，但我们没法一次就把它们通通赶走，必须分多次进行。如果我们把硫酸钠和碳一起加热，就可以得到这个方程式：$Na_2SO_4+4C \xrightarrow{\Delta} Na_2S+4CO\uparrow$，你把这个方程式读出来。

生 硫酸钠与碳反应生成钠硫和一氧化碳。

师 不是钠硫，而是硫化钠。它是氢硫酸的钠盐。你还记得氢硫酸的化学式吗？

生 我记得是这样写的：H_2S。啊，我明白了！它的两个氢原子被钠代替了。

第五十一课 | 钠（二）

师 昨天你学了哪些知识呢?

生 学了怎样制备氢氧化钠和碳酸钠，制造氢氧化钠的方法要简单多了。我们可以用电解法来制造碳酸钠吗?

师 当然可以，只要在制造氢氧化钠的时候将二氧化碳通到阴极上去，氢氧化钠就会变成碳酸钠。你把方程式写出来看看。

生 $NaOH+CO_2$……不对，应该用两个氢氧化钠。

师 不，你没写错: $NaOH+CO_2 = NaHCO_3$。我们并不需要它生成碳酸钠，只要生成碳酸氢钠[①]就可以了。

生 我明白了，碳酸能构成两种钠盐，一种是碳酸钠（Na_2CO_3），一种是碳酸氢钠（$NaHCO_3$）。不过我们为什么要制出碳酸氢钠呢?

师 它的溶解度远远小于碳酸钠，我们不用蒸发溶液就可以把它从溶液中分离出来。这是浓苏打溶液，我用以前的那套装置（第二十六课）给它通入二氧化碳，对应的方程式是: $Na_2CO_3+CO_2+H_2O =$

---

① 碳酸氢钠又叫小苏打。

2NaHCO$_3$。

生　为什么方程式里面还有水呢？

师　二氧化碳是酸酐，如果要让它变成酸，就必须加上水。

生　有很多晶体析出来了。

师　那就是碳酸氢钠，它又叫重碳酸钠，我们胃酸过多、胃痛时可以服用碳酸氢钠。

生　我们做这么多碳酸钠有什么用呢？

师　碳酸钠的用途非常广泛，它与化工业的关系，就像硫酸与化学家的关系、铁与铁匠的关系。

生　硫酸是强酸，所以您说它重要，但碳酸钠有什么用呢？

师　在很多情况下，可以用碳酸钠代替氢氧化钠。这里还剩了一些碳酸钠溶液，你用石蕊试纸测试一下。

生　试纸变蓝了，为什么会这样呢？

师　这种情况和硅酸钠很相似，碳酸和硅酸都是弱酸，它们的钠盐都呈碱性。我们还要讨论其他几种钠盐，你之前（第四十二课）已经认识硫酸钠了。

生　是的，它又叫芒硝，也可以当作药品使用。

师　我可以通过硫酸钠来讲解溶解度。我们先画一张图（图67）来表示

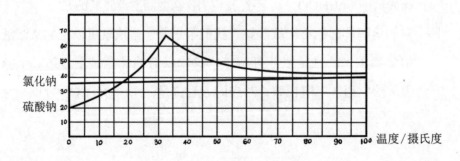

图 67

氯化钠在水里的溶解度的变化，横坐标表示温度，纵坐标表示溶解在 100 份水里的氯化钠的质量。在 20 摄氏度时，最多可以溶解 36 份氯化钠；在 100 摄氏度时，最多可以溶解 39 份氯化钠。现在我们把这两个点连起来，就能看出在各种温度下 100 份水可以溶解多少氯化钠了。

生 一定是这样吗？在 20 摄氏度到 100 摄氏度之间，溶解在 100 份水里的氯化钠，会不会不在这一条直线上呢？

师 问得好！在我们完全了解氯化钠的溶解度之前，我们不能光凭两个点就得出结论。在实际操作中，我们需要测出更多的点，然后把它们连接成一条线，那样得到的正好是一条直线。你再仔细看看表示硫酸钠溶解度的那一条线，然后描述一下它所表示的情况。

生 在水温比较低的时候，硫酸钠的溶解度会随着水温的升高而升高。当水温超过约 30 摄氏度时，硫酸钠的溶解度会随着水温的升高而降低。

师 没错！现在我做一个实验给你看。这里有一只盛着硫酸钠的烧杯，我把它放在水锅里加热，然后用玻璃棒搅拌一下，测量硫酸钠的温度。

生 现在它熔化了，温度是 32 摄氏度。

师 是的，我继续加热，它会像冰块融化时一样，温度不会发生变化。你继续注意温度计的读数。

生 没有什么变化。现在开始上升了。越来越高了，可是硫酸钠还没有完全熔化，这很矛盾啊！

师 表面上是矛盾的，但是烧杯里面的固体已经不是硫酸钠了。

生 那是什么呢？

师 是一种不含结晶水的硫酸钠，硫酸钠就和碳酸钠一样，含有十分子的结晶水。在 32 摄氏度时，它会变成饱和溶液和一种不含结晶水的盐，现在析出的正是后者。所以这并不是简单的熔化现象，而是非常复杂的反应。只要含有十分子结晶水的硫酸钠留在烧瓶中，温度就不会发生变化。

生 但是这和溶解度曲线有什么关系呢？

师 有关系呀，因为一旦超过 32 摄氏度，含有结晶水的硫酸钠就会开始分解，形成不含结晶水的盐。所以曲线往上升的那一段，就是含有结晶水的硫酸钠的溶解曲线；而曲线下降的那一段，便是不含结晶水的硫酸钠的溶解曲线。也就是说，它们是两条不同的曲线，只是产生了交汇。

生 我还是不明白，溶液里面一直都是同一种物质呀！

师 怎么会是同一种物质呢？先是含有结晶水的硫酸钠，后来是不含结晶水的硫酸钠。固态盐与溶液之间会有一种饱和平衡，当甲发生变化时，乙也一定会发生相应的变化。

生 原来是这样啊！

师 这一点人们也是思考了很久才得出来的。这种现象不仅硫酸钠有，其他盐类物质也可以构成各种形状的晶体，这些晶体各自含有不同量的结晶水，对应的溶解度和溶解曲线也各不相同。这些曲线在不同形状的转变过程中会彼此相交，比如碳酸钠就是这样，磷酸钠也是。

生 磷酸钠又是什么呢？

师 我给你看一下。它看上去和碳酸钠差别不大。普通的磷酸钠是磷酸氢二钠。磷酸含有三个氢原子，你知道它的化学式该怎么写吗？

生 我知道磷酸的化学式是 H_3PO_4。

师 没错，三个氢原子中如果有两个氢原子被钠代替，就会形成磷酸氢二钠，它的化学方程式是 Na_2HPO_4。磷酸氢二钠含有十个分子的结晶水，它是实验室和化学分析中用得最多的磷酸盐。我再拿一种有趣的钠盐给你看一下，这种盐叫硫代硫酸钠，是一种无色的晶体。

生 它是不是和摄影有关系呢?

师 是的,它可以溶解所有银盐。在摄影时,我们需要用到银盐。含结晶水的硫代硫酸钠的化学式是 $Na_2S_2O_3 \cdot 5H_2O$,其中所含的阴离子是 $S_2O_3^{2-}$。如果你比较它和硫酸根 SO_4^{2-},就可以看出它们的性质相似。硫酸根中的一个氧如果被硫代替,就会形成硫代硫酸根。我们还可以用亚硫酸钠和硫一起加热,从而得到硫代硫酸钠,方程式是 $Na_2SO_3+S =\!\!=\!\!= Na_2S_2O_3$。这和亚硫酸钠可以与氧气生成硫酸钠的情况相似:$2Na_2SO_3+O_2 =\!\!=\!\!= 2Na_2SO_4$。如果我们加热含有结晶水的硫代硫酸钠,那么在 56 摄氏度时,它就会变成清澈的液体,这个性质和硫酸钠不同。

生 无水盐为什么不会析出呢?

师 因为无水盐溶解时所需的水分比自身所含有的水分还要少,所以它不会析出。这种液体还可以溶解更多无水盐。

生 含有结晶水的盐能否完全熔化,原来是和这一点有关啊!

师 是的。现在,硫代硫酸钠已经完全熔化了,我们先让它冷却下来。如果用一团棉花塞住试管口,即使液体温度降到室温以下,它也不会凝固。

生 这是一种过冷现象吧?

师 没错。现在,我要给你看一个重要的实验。这个瓶子里面装着一些完全冷却的硫代硫酸钠,我用玻璃棒蘸一点儿刚刚熔化的硫代硫酸钠,然后将玻璃棒伸进瓶子里。

生 哇,好神奇!我看到了正在长大的晶体!

师 是的,我抽出玻璃棒,上面长出了很多晶体,但剩余的液体不会继续结晶。在这个实验中,我们可以看出固体和液体之间的交互反应。过冷液体本身很不稳定,与固体接触后,就会发生不稳定的变化,在相

互接触的地方生成晶体，一旦停止接触，晶体就不会继续生长了。

生 我可以做一遍这个实验吗？

师 当然可以，硫代硫酸钠很便宜，我可以多给你一些，不过你要小心，因为少量固态硫代硫酸钠就可以使熔化了的硫代硫酸钠凝固。你可以重新熔化它们，反复做实验，但要将那些蒸发掉的水分补充进去。现在，我已将有关金属钠的重要知识都告诉你了。

生 我还不知道钠是怎样制成的呢！

师 钠是通过电解法从熔融的钠盐中提取出来的。氢氧化钠很容易熔解，所以用起来很方便，化工厂一直都在大批量地生产它。

生 那我们怎样保存钠呢？需要用很多煤油吧？

师 只要把它浇注成方块，放在密不透风的铁罐里就可以了。最后我还想做一个实验给你看，这里有一根连接在玻璃管上的铂丝。

生 是怎样接上去的呢？

师 先加热玻璃管的一端，使其受热合拢，在它完全合拢之前，把玻璃管从火上移开，插入铂丝后继续用火加热，直至那一端完全合拢，铂丝便和玻璃管连在一起了。接着把铂丝一端弯成一个小钩（图68），用这个小钩取一些钠盐，放在火上点燃，我们会看到漂亮的黄色火焰。这种颜色来自钠，是检测钠的方法之一，其他元素没有这种特点。钠普遍存在于各种物质之中，所以我们看到的火焰一般都是黄色的。这里有另一根不含杂质的铂丝，它不会使火焰变色。但只要让它接触我这两个湿润的手指，它就可以让火焰变黄。

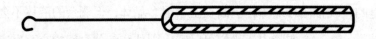

图 68

生　是的，但那种颜色很快就消失了。

师　这种方法可以用来测量钠在物质中的含量。最后我还要提醒你，所有钠盐溶液都是没有颜色的。关于钠的其他反应，我暂时就不讲了，因为我们可以通过火焰的颜色来判断钠是否存在于各种物质中。

第五十二课 | 钾与铵

师　我们又要开始讨论新的金属了，之前学过的内容我就不再重复了。你还记得钾元素吗？

生　记得，它是一种和钠相似的轻金属。

师　这是钾的样品，它的外观和钠、银类似，它在空气中会迅速发生氧化反应，所以我们只能在它新的切面上看到这种颜色。它还可以使水分解，我在水里放一小块钾，你看。

生　瞬间就燃烧起来了，产生了好看的红色火焰。

师　钾与水的反应很剧烈，放出的热量会使生成的氢气自动燃烧。钠的火焰是黄色的，而钾的火焰是紫色的。现在你用石蕊试纸测试一下反应后的液体。

生　试纸变蓝了，所以说生成某一种碱，对吗？我可以把方程式写出来：

$$2K+2H_2O \mathrel{=\!=} 2KOH+H_2\uparrow 。$$

师　很好！钾和钠非常相似，我以前给你看过氢氧化钾，它的外表、性质和氢氧化钠相似，而且氢氧化钾也是通过电解氯化钾制造出来的。

生　氯化钾也和氯化钠一样，存在于自然界中吗？

师　是的，但是产量不多，氯化钾矿石一般存在于岩盐矿附近。氯化钾的晶体和岩盐一样，也是一种透明的立方体，矿物学家称他为钾石盐，它的产量远远少于岩盐。

生　那海水里面有氯化钾吗？

师　也不多。人们在德国中部找到了一种含有氯化钾和氯化镁的矿石，目前化工业和农业中所使用的氯化钾就是从这种矿石中提取出来的。

生　氯化钾对农业也有用吗？

师　是的，植物必须吸收钾元素才能健康生长，如果泥土中的钾不够充分，植物就会枯萎，因此我们必须给植物施钾肥。

生　植物需要的营养物质也太多了吧！首先是氮，然后是磷，现在又要钾。

师　其实它最需要的还是阳光。有了这几种物质，植物的生长条件就得到了满足。植物生长所需的水、二氧化碳、铁、钙等物质都可以在空气和土壤中得到，相比之下，获取充分的氮、磷、钾会比较困难，所以我们需要给植物补充这三种元素。

生　为什么不给植物施加钠盐呢？

师　植物不需要钠，而且泥土可以充分吸收钾盐，却无法吸收钠盐。

生　我明白了。

师　还有一点，在海岸或盐土草原上，生长着一些喜钠植物，这些植物体内不含钾而含钠。如果我们燃烧这些植物，就可以将其中的金属碳酸盐提取出来。因此我们可以从海洋植物的灰烬中提取碳酸钠，也可以从陆地植物的灰烬中提取碳酸钾。碳酸钾在德语中又叫 Pottasche。

生　为什么取这样一个名字呢？

师　因为人们蒸发草木灰的溶液之后，要将固态的碳酸钾放在锅①里烘焙，

---

① pott 在德语中表示锅，而 asche 有灰烬的意思。

所以才会有这个名字。纯净的碳酸钾是一种易溶于水的白色晶体。

生 现在还用这种方法生产碳酸钾吗？

师 现在不这样生产了，因为我们已经很少使用草木燃料了。现在生产的碳酸钾，主要是用氯化钾来制造的，制造方法与用氯化钠制造碳酸钠相似。由于碳酸钾的用途比较有限，所以它的产量远远小于碳酸钠。碳酸钾和碳酸钠的性质十分相似，两者都呈碱性。如果我们在碳酸钾的饱和溶液中通入二氧化碳，就会产生难溶于水的碳酸氢钾沉淀。你把方程式写出来看看。

生 $K_2CO_3 + CO_2 + H_2O \Longrightarrow 2KHCO_3$。

师 这里有一些碳酸钾，课后你可以做一下这个实验。

生 它是湿的。

师 碳酸钾吸收空气中的水分，它和硫酸一样可以脱水。你还记得硝酸钾和氯酸钾吗？

生 记得，硝酸钾是含氮物质在空气中腐化后形成的。

师 它的外观是怎样的呢？

生 它是一种白盐，易溶于水。

师 是的，它在冷水中的溶解度比较小，随着水温上升，溶解度也会增加。当水温是 0 摄氏度的时候，100 份水可以溶解 13 份硝酸钾；当水温达到 100 摄氏度时，100 份水则可以溶解 247 份硝酸钾。硝酸钾分解所放出的氧气可以使木炭和硫黄剧烈燃烧，所以我们常用它来制造黑火药。关于这一点，我可以给你做一个实验。我在一个小烧杯里放入硝酸钾，然后加热，它起初会变成液体，同时放出气体，主要是氧气，现在我再往里面放一小块硫黄。

生 硫黄在氧气中燃烧的情形和白磷很像。

师 是的。一方面硝酸钾的温度已经很高了，另一方面硫黄燃烧也会放热，所以它们的温度会很高。另外，氯酸钾比硝酸钾更容易释放氧气。

生　是的，我们以前用它制过氧气。

师　氯酸钾之所以危险，正是因为这一点。人们在 100 多年前发现了氯酸钾，本想用它来制火药，但一不小心就把整个火药厂炸了，很多人因此丧生。现在我们把少量氯酸钾和二硫化锑粉末混合起来，必须非常小心，为了防止爆炸，氯酸钾不能超过一粒胡椒的大小，而且不能放在研钵里研磨，只能用羽毛把它们混合起来。我们用一张纸把它们包起来，然后放在铁板上，用铁锤敲打。

生　啪！真的就和枪声一样。

师　我再给你看几种钾盐，这是溴化钾，这是碘化钾，这两种盐都不含结晶水。你可以记下来，多数钠盐都含有结晶水，而多数钾盐都不含结晶水。

生　您在讲氯化钠的时候，没有说它含有结晶水。

师　氯化钠一般不含结晶水，但如果将氯化钠溶液放在低于 0 摄氏度的环境里，就可以得到另外一种形状不同且含有两个结晶水的晶体。这种晶体在零下 2 摄氏度的时候会变成不含水的氯化钠和饱和溶液，和硫酸钠在 32 摄氏度的环境下的情形相似（第五十一课）。溴化钾和碘化钾都不含结晶水，溴根就是以溴化钾的形式被我们加以应用的。

生　溴根不可能单独存在啊，您能解释一下吗？

师　正因为阴离子不能单独存在，所以同时要用到阳离子。我们选择阳离子时有一个标准，就是它必须非常便宜，而且形成的盐必须方便使用。所以当我们需要用溴根来做反应物时，就必须用到溴化钾。当然溴化钠和溴化钙或者其他任何一种溴化金属都可以用。钙虽比钾便宜，但溴化钙极易溶解，而且很难制造和保存，所以我们一般不用。

生　为什么不使用溴化钠呢？钠应该比钾便宜吧？

师 主要是习惯问题，我们在认识溴化钠之前就已经认识溴化钾了，所以我们习惯用前者。而且溴化钾和溴化钠价格相差不大，它们的价格其实是由溴元素决定的。碘化钾的情况也一样。

生 碘化钾是黄色的。

师 纯碘化钾是没有颜色的，而且它在空气中和碳酸发生反应，会生成少量的氢碘酸。氢碘酸在空气中会和氧气反应，分解成碘和水。黄色是碘元素造成的，碘化钾很容易溶解在水中，而它的水溶液又可以溶解很多碘，从而变成褐色。

生 碘在水里不是很难溶解吗？

师 是的，但它和碘根相遇后会形成一种新的离子 I_3^-。而 I_3^- 是褐色的，它很容易分解为普通的碘根和碘。所以我们通常用这种褐色溶液来代替纯碘使用。换句话说，$I^- + I_2 \Longrightarrow I_3^-$ 这个反应容易往左走，也容易往右走。对了，我还要给你看一种盐，它和溴化钾、碘化钾的性质非常相似，不同的是它有毒，它就是氢氰酸的钾盐，叫氰化钾。

生 它的气味我很熟悉，像苦杏仁。

师 黄金可以溶解在含氰根的水溶液里，所以我们可以制造大量氰化钾来提取金泥里的黄金。我们现在比较习惯使用氰化钠，因为它比较便宜，而且氰根所占的比重比较大。

生 氰化钾和氰化钠都只有一个氰根，为什么一个比重大一个小呢？

师 它们的质量有区别，你计算一下它们的分子量。

生 氰化钾的分子量是 65.11，氰化钠的分子量是 49.01，两者的氰根含量都是 26.01。啊，我看出来了，因为钠的原子量比钾小，所以同样多的氰根才会在氰化钠中占比较大。

师 是的，还有一些关于钾离子的知识，比如它是无色的。

生 因为所有钾盐溶液都是无色的。

师 如果它们没有色根，那就没有颜色。

生 难道有色根就会有颜色吗？

师 是的，比如你以前见过的绿色的铜离子，你很快还会认识更多带颜色的阳离子，它们可以和钾生成有色盐。

生 也就是说，所有溶液的颜色都是由带色的阴离子和阳离子决定的，对吗？

师 是的，不仅是颜色，它们的其他性质也跟阳离子和阴离子有关。钾离子也有一种试剂，这是一种含有铂酸的钠盐，化学式是 Na_2PtCl_6，称为铂氯化钠。如果在它的红黄色溶液里倒入一些钾盐，就会生成一种叫铂氯化钾的沉淀。如果加一点儿酒精进去，这个反应会更加明显。

生 已经生成了沉淀，它的化学式是不是 K_2PtCl_6 呢？

师 是的。现在我们要讨论铵盐了。

生 这个和氨是不是同一种物质呀？

师 是的，氨气可以和酸直接反应，酸里面的氢可以和氨气构成铵根。它的铵盐性质和钾离子很相似，所以我们在学习铵根之前，先学了关于钾的知识。

生 它也是无色的吗？

师 是的，含有铵根的氨气溶液是无色的，所以铵根自然也没有颜色。那些含有相同阴离子的钾盐和铵盐的溶解情况是一样的，结晶情况也是一样的，所以铵和钾的性质很相似。先来讲一下氯化铵，你研磨的时候，应该感觉到它和其他铵盐不同，它很有韧性。它在加热时会分解为氨气和氯化氢，所以我们一般用它来焊接金属。氨气会挥发，剩下的就是氯化氢了，它可以把金属表面那一层氧化物溶解掉，所以焊接溶剂可以更牢固地粘在金属表面。

生 焊接时用的是什么金属呢？

师 焊锡，它是用锡和铅做成的，很容易熔化，我把少量氯化铵放到试管里加热一下。

生 试管的上半部分产生了白色沉淀，试管的中部清澈透明，底部又出现了固态盐，但比较少，这个现象很奇特。

师 氯化铵由固态变成气态，然后又由气态变成固态。生成的这种气体不是氯化铵，而是氯化氢和氨气的混合体。

生 这是怎么看出来的呢?

师 那可费了不少功夫! 当初我们测定蒸气密度（即蒸气的分子量）时，测出它等于 53.50，这个值比我们用氯化铵的化学式计算出来的值要大。为了解释这个现象，我们便假设蒸气是氨气和氯化氢的混合物，所以体积就应该是原来的两倍，密度则是它的一半。

生 但我们不能将假设当作结论呀!

师 以前有很多人都这样想，所以他们想设法推翻这个假设，直到后来有人对这些蒸气做了详细检测，证明这个假设是对的。氢气很稀薄，所以很容易散开，这一点你应该记得。气体越稀薄，它的运动速度就越快，这是一种普遍现象。氨气的分子量是 17.04，氯化氢的分子量是 36.47，可以说后者的分子量是前者的两倍。如果我们把氯化铵的蒸气在空气中放久一点儿，那么轻的氨气就会挥发掉，剩下的就是氯化氢了。

生 我们可以看到这种现象吗?

师 这个实验并不简单，以后我再给你演示。我想通过实验告诉你钾离子和铵根离子很相似。这是铂氯化钠溶液，我把它加入氯化铵溶液里。

生 生成的黄色沉淀和铂氯化钾是完全一样的。

师 现在我再来讲它们的不同之处。在氯化铵溶液中加入氢氧化钾溶液之后，加热试管。你先扇闻一下，然后形容一下气味。

生 这是氨气，我把方程式写给您看：$NH_4Cl + KOH \xrightleftharpoons{\triangle} KCl + NH_4OH$。
形成的应该是氢氧化铵，而不是氨气呀。

师 你再好好想想，氢氧化铵和氨气之间是什么关系呢？你有没有见过氢氧化铵呢？

生 啊，我知道了！氨气是脱水的氢氧化铵，而氢氧化铵可以分解为氨气和水。

师 对极啦！为了证明这个反应，我们不一定要闻，也可以用石蕊试纸来检测。你看，它变蓝了。

生 对哦，铵盐和钾盐都可以这样检测，对吗？

师 是的，我们做化学分析时就经常使用这种方法。现在我来告诉你氨气的重要用途。我们可以用氨气和氯化钠来制造苏打，具体过程是将碳酸铵加入氯化钠溶液中，同时通入二氧化碳，这样就会发生以下反应：$2NaCl + (NH_4)_2CO_3 + CO_2 + H_2O = 2NaHCO_3 + 2NH_4Cl$，你读一读这个方程式。

生 氯化钠、碳酸铵、二氧化碳和水反应，生成碳酸氢钠和氯化铵。氨气很弱，为什么可以把氯化钠中的氯元素赶出来呢？

师 你不能把强酸、弱酸的性质套用过来，因为我们现在讨论的不是酸，而是盐。饱和盐溶液互相混合后，对于溶液中的一切盐，溶解度最低的物质会最先析出，所以我们可以得知碳酸氢钠的溶解度最低。

生 您说的一切盐是什么意思呢？

师 每一种盐都是由阴离子和阳离子构成的，如果有两种阴离子 K'、K'' 和两种阳离子 A'、A''，那么就可以构成四种盐，你能说出是哪四种吗？

生 我明白了，应该可以构成 $K'A'$、$K'A''$、$K''A'$ 和 $K''A''$，对吗？

师 没错。刚刚那个方程式是按照工厂的生产方法来写的。现在，你可以假设溶液中先生成碳酸氢铵。碳酸氢铵含有 NH_4^+ 和 HCO_3^-，而氯化

钠含有 Na^+ 和 Cl^-，它们可以形成哪几种盐呢？

生 除了您刚刚说的那两种以外，还可以生成碳酸氢钠和氯化铵，它们的反应原理是这样的：$NaCl+NH_4HCO_3 \underline{\underline{\quad\quad}} NaHCO_3+NH_4Cl$，对吗？

师 完全正确，现在还有几个问题，首先是怎样重新利用氨气，然后是怎样提供二氧化碳，最后是怎样使碳酸氢钠变成碳酸钠。第一个问题的解决办法就是将氯化铵和碳酸钙放在一起加热，这样碳酸铵便会分解挥发，剩下的就是氯化钙了。至于最后两个问题，我们可以通过加热碳酸氢钠来解决。碳酸氢钠经过加热后，会分解为碳酸钠、二氧化碳和水，方程式是 $2NaHCO_3 \overset{\triangle}{\underline{\underline{\quad}}} Na_2CO_3+H_2O+CO_2\uparrow$。

生 我还是没有完全理解。

师 总而言之，就是发生了如下反应：$2NaCl+CaCO_3 \underline{\underline{\quad\quad}} Na_2CO_3+CaCl_2$。入厂时只有前两种物质，出厂后便是另外那两种物质了。而铵盐可以反复利用。

生 为什么我们不直接使用它们呢？

师 因为我刚刚写的这个反应并不能自动发生，而且在实际情况下，它会逆着进行。现在我将一些碳酸钠溶液倒进氯化钙溶液，我们会看到有白色沉淀生成，而剩下的氯化钠留在了溶液里面。

生 碳酸钙很难溶解，所以才会生成沉淀，对吗？

师 非常正确，你终于明白了！如果有氨气，那我们就可以得到碳酸氢钠，因为它在这个反应中是最难溶解的。碳酸铵比氯化铵更容易分解挥发，所以我们可以使氯化铵变为碳酸铵。加热时生成的少量碳酸铵会比氯化铵先分解挥发，所以又可以生成新的碳酸铵，形成之后又会挥发，一直持续到反应结束。

生 这样看来，它很像您之前讲过的制取盐酸的情形（第三十六课）。

师 没错，你完全听懂了。

生　我觉得我还没有完全弄懂，但我相信只要再思考几遍，我就能解决这些问题了。

第五十三课｜钙（一）

师 在你刚开始学习化学的时候，我曾用森林中的道路来比喻化学，你还记得吗？

生 我记得呀！您说得对，学习化学有趣极了！

师 我们接下来要走的路即将和我们走过的路彼此交会，所以我才旧话重提。今天我们要讨论的这种元素，你在很早以前就已经了解它的化合物了。

生 是的，我知道碳酸钙，我们曾经用它制取二氧化碳，还用氢氧化钙制过很多盐，但我没见过它们的常态，因为我们使用的都是它们的溶液。

师 那我就接着你的话继续讲吧。碳酸钙还有很多种形态，比如山上的石灰石的主要成分是碳酸钙，冰洲石是碳酸钙的晶体。你拿一小块冰洲石放在书上，透过晶体去看书上的文字。

生 真奇怪，那些字母出现了重影！这是为什么呢？

师 这和结晶体的形状有关，所有非均质体都具备这种双折射的性质，而冰洲石是其中比较明显的。那些透明度差的碳酸钙晶体叫作方解石，而那些又长又小的碳酸钙晶体叫作大理石。

生 但大理石有颜色呀！

师 这是因为它在形成时混入了一些杂质。纯粹的大理石是白色的，就像冰糖一样。我们怎样才能证明它们都是碳酸钙呢?

生　只要倒入盐酸,再看看会不会产生气泡、放出二氧化碳。

师　这个方法只能证明它是碳酸盐,你怎么知道它不是碳酸钾或碳酸钠呢?

生　碳酸钠和碳酸钾可以在水里溶解,但碳酸钙不可以。

师　很好! 作为一个初学者,你能想到这一点已经很不错了。我们可以用碳酸钙制造其他的钙化合物。

生　是的,碳酸很弱,我们可以用其他酸将它赶走。

师　我们不用其他酸也可以把碳酸从碳酸钙中赶走,只需加热,就会发生如下反应: $CaCO_3 \stackrel{\triangle}{=\!=\!=} CaO + CO_2\uparrow$,你把这个方程式读出来。

生　碳酸钙经过加热生成了氧化钙和二氧化碳。我还不认识氧化钙呢!

师　我给你看一下,这就是用碳酸钙制成的氧化钙。碳酸钙变成氧化钙会缩小,但不会熔化,所以氧化钙看上去和碳酸钙很像,你计算一下,我们可以用碳酸钙得到多少氧化钙呢?

生　碳酸钙的分子量是 40.09+12.00+48.00=100.09,氧化钙的分子量是40.09+16.00=56.09,大约少了一半。

师　很好! 我们在氧化钙里加一些水。

生　为什么要加水呢?

师　你仔细看,我在蒸发皿中倒入少量水,然后加热使水沸腾,再加入几块氧化钙,你看到什么了?

生　现在还看不出来。您这会儿移开了酒精灯,但蒸发皿中的水还在沸腾,而且还有声音。您加入冷水之后,它还是有声音,而且碳酸钙膨胀起来了——现在又变成了一种白色粉末。虽然您加了很多水,但看起来还是很干燥,水都蒸发了吗? 那热量是从哪里来的呢?

师　因为发生了化学反应: $CaO + H_2O =\!=\!= Ca(OH)_2$,你把方程式读一下。

生　氧化钙和水反应形成了氢氧化钙。

师 没错，氧化钙就是脱了水的氢氧化钙，它和硫酸一样，遇水会释放热量。现在你可以根据性质来证明它是氢氧化钙吗？

生 它很难溶于水，但易溶于盐酸，我可以做这个实验吗？

师 别忘了用石蕊试纸。

生 果然没错，氢氧化钙是一种碱，它使石蕊试纸变蓝了。

师 很早以前，氢氧化钙就是用这种方法制造的。我们将石灰分为生石灰和熟石灰，生石灰就是氧化钙，熟石灰则是氢氧化钙。涂墙用的灰泥中就含有熟石灰，你知道这种灰泥是怎么制造的吗？

生 我知道，首先把熟石灰、沙子和水调成糊状，然后把它们涂在墙上或砖头上，等水分蒸发，它们就会慢慢地变硬。

师 不对，仅仅去掉其中的水分还不能使其变硬。实际上，是熟石灰吸收了空气中的二氧化碳，变成了坚硬的碳酸钙。你从墙上刮一些灰泥下来，然后往上面滴几滴盐酸。

生 产生了气泡——没错，二氧化碳确实起了作用，但为什么要加沙子呢？

师 这只是利用了沙子的物理性质。新生成的碳酸钙的体积小于氢氧化钙，所以我们必须用沙子去填补空隙，不然墙体就会产生裂痕。你把二氧化碳和氢氧化钙的反应方程式写出来。

生 $Ca(OH)_2 + CO_2 == CaCO_3\downarrow + H_2O$，它们也会生成水呢！

师 当我们搬进一栋新房子的时候，总会看到原本已经干了的墙壁再次"冒汗"，这是因为我们呼出来的二氧化碳会和熟石灰重新反应，你说说，我们有没有什么方法可以避免这种情况呢？

生 可以在房间里面通入二氧化碳。

师 是的，那要从哪里获取二氧化碳呢？

生 可以用盐酸和石灰石来制取。

师 有更简单的办法，可以在房间里放一个铁桶，再在铁桶中放入烧红的煤或木炭。这样不仅可以得到二氧化碳，而且还能提供热量，有利于墙面的干燥。

生 我见过这种做法，我当时还以为这是为了保暖呢！

师 氢氧化钙不易溶于水，1 份氢氧化钙需要 500 份水才能溶解。

生 这我知道。这种溶液叫石灰水，我们可以用它来检验二氧化碳。

师 是的，温度越高，氢氧化钙的溶解度就越小，这和无水硫酸钠的情况是一样的。如果你加热少量澄清的石灰水，它就会变浑浊。

生 钙是一种金属，关于这一点，您还能再讲一讲吗？

师 它的质地很硬，它在潮湿的空气中会发生氧化反应，变成氧化钙。它还能和水发生反应，释放氢气，但它的化合物的种类少于钾的化合物和钠的化合物。

生 钙离子有哪些性质呢？

师 它是无色的，而且你必须记住，它是二价的，所有碱土金属的阳离子都是二价的。我们之前认识的那些碱金属都是一价的，铵根也是。我们再来讨论一下钙盐，比如硫酸钙。硫酸钙很普通，石膏就是硫酸钙。你知道什么是石膏吗？

生 我知道，它是用一种白色物质做成的，有点儿像白垩。

师 现在我拿几种天然石膏给你看看。石膏的脆性比较弱，它可以承受一定程度的弯曲而不会断裂。

生 天然石膏为什么比人造石膏更透明呢？难道它们的成分不一样吗？

师 天然石膏不仅含有硫酸钙，它还含有两个结晶水。如果我们在适宜的温度下去掉四分之三的结晶水，就可以得到烧石膏。如果用水将它调成糊状，十几分钟之后，它就会变成一种非常硬的固体。

生 这个过程中到底发生了什么反应呢？

师 石膏失去结晶水之后，又吸收结晶水变成固体。生成的晶体会连成一片，所以就形成了石膏固体。这种糊状的石膏非常适合制造模型，常温下就可以凝固。

生　原来是这样啊。

师　还要补充一句，石膏在水里的溶解度有限，400 份水才能溶解 1 份石膏。你还记得什么是磷酸钙吗？

生　是骨头的一种成分，存在于自然界中，它也是一种肥料。

师　你把它的化学式写出来看看。

生　我可不会写，磷酸有三个氢原子，钙却是二价的，中性磷酸钙是不存在的吧？

师　当然存在，自然界中出现的都是中性磷酸钙，你只要用 2 乘以磷酸的化学式，就可以得到 6 个氢原子，也就有办法用钙来替换它了。

生　对哦，我居然没想到！那中性磷酸钙的化学式应该是 $Ca_3(PO_4)_2$。

师　没错，你把那两种酸性磷酸钙的化学式也写出来吧。

生　如果有两个氢原子被钙代替，那我只要把一个钙原子写上去就可以了：$CaHPO_4$，这样对吗？如果只有一个氢原子被钙代替，那我只要乘以 2 就可以了，所以是 $Ca(H_2PO_4)_2$。

师　很好！第三种磷酸钙又称过磷酸钙，它是硫酸和中性磷酸钙反应生成的，相应的方程式应该怎么写呢？

生　硫酸根是二价的，所以只要两个硫酸就能取出两个钙，方程式应该是
$$Ca_3(PO_4)_2 + 2H_2SO_4 === Ca(H_2PO_4)_2 + 2CaSO_4。$$

师　回答得非常好！过磷酸钙可以在水里溶解，所以它很容易被植物吸收，而中性磷酸钙几乎不溶于水，我们可以把它变成酸性磷酸钙。托马斯钢渣（第四十六课）中也含有中性磷酸钙，一般还有过剩的碱。但我们不需要将它提纯，因为它在空气中可以变成一种很细的粉末，树根能将它快速吸收、分解。好，今天的课就讲到这里了，我们下课吧！

第五十四课 | 钙（二）

师　我们昨天讲的有关钙的知识点都很简单，今天就不再复习了。

生　我还有一个问题要请教您，跟碳酸钙的分解和生成有关。您说过，碳酸钙加热时会分解成石灰和二氧化碳，而在灰泥中，石灰和二氧化碳在高温下又可以生成碳酸钙，这个反应之所以可以逆向进行，是不是只和温度有关呢？

师　这两种情况是有区别的，碳酸钙加热生成的是氧化钙，也就是生石灰，而在高温中和二氧化碳生成碳酸钙的是氢氧化钙，也就是熟石灰。现在我们要来讨论钙的氯化物，实际上你已经有过初步的了解了。

生　是的，我们曾用氢氧化钙和盐酸来制备氯化钙，但要得到固态氯化钙，不是一件容易的事情。

师　因为氯化钙极易溶于水，想让它完全脱水是比较困难的。氯化钙可以与一到六分子的水结晶，它的吸水性很强，放在空气里容易受潮而变成溶液，所以我们经常用它来做干燥剂，而且它没有腐蚀性，不会损害其他物质，这是它优于硫酸的一点，但它的吸水性不如硫酸强。

生　干燥程度难道有高低之分吗？一只水瓶既然空了，就不会更空了吧？

师　我们无法彻底去除任何物质中的所有水蒸气，只能把它降到某种程度而已，而且这也取决于我们使用哪种干燥剂。比如，已经经过氯化钙干燥的空气，其中剩余的水分还可以被硫酸继续吸收。即使这样，经过了两次干燥的空气，其中的水分还可以与五氧化二磷发生反应。到这一步，我们还是无法确定通入五氧化二磷后的空气中是否还含有水分。氯化钙的用途不多，而且在化工业中，它总是一种无用的副产品，比如用氨气制碳酸钠的时候。

生　那溴化钙和碘化钙呢？

师　它们的外表像氯化钙，也会受潮分解，用途不多，但次氯酸钙是一种很重要的物质，可以用作漂白粉。

生　您以前说过，它是次氯酸的一种盐。

师　是的，氯气和氢氧化钠反应后会生成氯化钠和次氯酸钠。氯气和氢氧化钙的反应也差不多，你把方程式写出来看看。

生　$2Ca（OH）_2 + 2Cl_2 == CaCl_2 + Ca（ClO）_2 + 2H_2O$。

师　没错，你还记得工厂里为什么要生产这种化合物吗？

生　我记得，氯气不容易运输，所以一般将它变成一种固态化合物，然后用这种固态化合物重新制取氯气。

师　那我们怎样用次氯酸钙制取氯气呢？

生　可以用酸。

师　没错，你把它与硫酸反应的方程式写出来。

生　$CaCl_2 + Ca（ClO）_2 + 2H_2SO_4 == 2CaSO_4 + 2H_2O + 2Cl_2$。

师　如果我们要在实验室用次氯酸钙来制取氯气，就要用我们以前制取硫化氢时用的那组装置（图62），而且是用漏斗将浓盐酸滴入次氯酸钙。

生　比起用二氧化锰与盐酸来制取氯气，这种方法的优势在哪里呢？

师　不需要加热，操作起来很方便。我们不讲次氯酸钙了，我们来讨论另一种重要的钙的化合物，那就是玻璃。玻璃是用什么做的呢？我之前已经告诉你了。

生 我记得玻璃是一种硅酸盐，但不记得是哪一种金属的硅酸盐了，好像里面有钠。

师 普通玻璃一般是由硅酸钠和硅酸钙制成的。制造方法就是加热碳酸钠、二氧化硅和碳酸钙的混合物，但二氧化碳会跑掉，形成的硅酸钠和硅酸钙会在高温下变成澄清的溶液。

生 为什么硅酸会赶走碳酸呢？我记得您说过，硅酸总是会被碳酸赶走。

师 在常温下确实是这样的，但在高温时情况就相反了。因为硅酸在高温下不能挥发，而碳酸可以挥发。

生 原来是这样啊！那一定是生成的二氧化碳先跑掉了，然后又生成了新的二氧化碳，这些二氧化碳又会跑掉……就这样一直循环，直到所有二氧化碳全部消失为止。

师 没错。说到玻璃的制造，起初赶走二氧化碳时，加热不能过猛，否则熔化的物质就很容易跑出去。但在最后，我们可以用猛火加热，去掉气泡，那些不小心混入其中的杂质也会沉淀下来。这种熔化物可以用来浇铸物体，也可以等它冷却到适当黏度时，将它吹成各种形状的器具。比如制造玻璃窗户时，我们得先吹出一个空心圆球，然后将圆球滚成一个两端带有圆底的圆筒，接着去掉圆底、割开圆筒，并将其摊开，这样便能得到一块方形的玻璃板了。

生 玻璃管是怎么制造的呢？

师 很简单，先让一个工人吹出一个玻璃泡，再让另一个工人用一根铁棒蘸少许玻璃液，粘在玻璃泡的另一端，然后将玻璃泡拉成椭圆形，中间那一段就是我们要的玻璃管了。工人移动的速度越快，玻璃管就拉得越细。

生 我还有一个小小的问题，自行车灯里面的碳化钙是不是也和钙有关系呢?

师 当然有关系,顾名思义,它也是碳和钙的化合物。它是石灰和碳加热后生成的,化学方程式是 $CaO+3C \xrightarrow{\triangle} CaC_2+CO\uparrow$,你读一下这个方程式。

生 石灰和碳加热后生成了碳化钙和一氧化碳——这么简单,那我也可以做!

师 不行,这个反应需要很高的温度。你知道怎样用碳化钙制取气体吗?

生 我知道,只要加水就行。自行车灯的构造可以使水自动滴下去,当我们不需要气体的时候,只要把水关上就行。

师 是的,反应是这样的:$CaC_2+2H_2O == C_2H_2+Ca(OH)_2$。这种气体叫作乙炔,是碳氢化合物的一种(第四十八课),但它所含有的氢元素远远少于我以前所说的那几种碳氢化合物。

生 它燃烧时产生的火光比较亮,是不是因为这个?

师 这只是一部分原因,主要原因是它含有的能量大于碳氢元素的能量。两个碳的燃烧热是 812 千焦,两个氢的燃烧热是 286 千焦,一共是 1098 千焦,但乙炔的燃烧热是 1321 千焦。

生 那我可以计算生成乙炔时吸收了多少热量:

因为 $\qquad 2C+4O == 2CO_2+812kJ$

$\quad + \quad 2H+O == H_2O+286kJ$

$\overline{\qquad C_2H_2+5O == 2CO_2+H_2O+1321kJ \qquad}$

所以 $\quad 2C+2H == C_2H_2-223kJ$

这样看来,它吸收了 223 千焦热量。那它燃烧时的火光为什么这么亮呢?

师 因为它燃烧时会放出大量的热。物质的温度越高,它释放的光也越多。

生 真是没想到还可以通过计算热能来解释这种现象呢!

师 对啊!关于钙,我们就讲到这里了。

第五十五课｜钡、锶、镁

师 你还记得氯、溴和碘这三种元素之间的关系吗？

生 记得，它们的性质很相似，而且是按照原子量的顺序递增的。

师 那些碱金属的性质也很相似，除了钠和钾，还有两种产量很少的碱金属，那就是铷和铯。而钙、锶、钡这三种碱土金属也有相似的性质。为了便于观察，我制作了一张表格：

元素	原子量	元素	原子量	元素	原子量
氯	35.46	溴	79.91	碘	126.91
钾	39.10	铷	85.47	铯	132.91
钙	40.08	锶	87.62	钡	137.33

生 每一列数值都相差不大，但相邻的两类元素之间的差值大约都是 45。为什么差了这么多呢？是因为原子量错了吗？

师 这些原子量都是对的，只有小数点后面的第 2 位数不一定准确。

生 所有原子量都可以按照这种形式排列吗？还是只有少数元素可以这样呢？

师 所有元素都可以按照原子量排成一个有序的表格，但这种顺序并不是完全准确的。等你认识了多数元素以后，你才能理解这个表格有什么意义。你了解元素钡吗？

生 我只知道它是检测硫酸或硫酸根的试剂，它能生成硫酸钡沉淀。

师 是的，根据硫酸钡的化学式 $BaSO_4$，你一眼就可以看出钡离子是二价的。钡离子没有颜色，而且有毒，这是它和钙离子不同的地方。我们不太了解钡，只知道它是淡黄色的，而且性质和钙相似，不过更容易氧化。氢氧化钡在水中比氢氧化钙更易溶解。在自然界中，钡的化合物以硫酸钡为主，矿物学家称之为重晶石。

生 为什么叫重晶石呢？

师 因为它的密度特别大，Barium 这个名字就是由希腊语演化而来的[1]。硫酸钡是一种性质比较稳定的物质，它既不会被酸溶解，也不会被空气或水中的其他物质改变，所以它常常被用作白色颜料。此外，碳酸钡也是一种天然产物，其他钡盐都是由它制造的。在实验室中，我们常用氯化钡检测硫酸根。氯化钡是一种带有光泽的晶体，含有两个结晶水。硝酸钡则是一种不含结晶水的物质，它比较难溶，燃烧时会发出绿色光芒，所以我们在制造烟花时会用到它。

生 其他钡化合物没有这种性质吗？

师 所有钡化合物都具有这种性质，但程度各不相同，硝酸钡是最适合的。我再说说锶元素，硝酸锶燃烧时会发出红色光芒。锶与钙、钡的性质很相似，它们都是淡黄色的，而且容易在水和空气中氧化。氢氧化锶是白色的，它在水中比氢氧化钡更难溶，比氢氧化钙易溶一些，它在

---

[1] Barium 在德语中表示钡，Bariumsulfat 表示硫酸钡。

德语中叫作 Strontiumhydroxid①。

生 这个名字是怎么来的呢？

师 锶矿最早是在苏格兰一个名叫 Strontium 的伯爵的辖区内发现的，所以才有这个名字。硫酸锶和碳酸锶是两种最常见的锶矿，硫酸锶又叫天青石。

生 矿物的名称是谁定的呢？

师 一般是以第一个发现它的人的名字命名的。硫酸锶和碳酸锶都不溶于水。从这一点可以看出，硫酸锶的性质介于硫酸钡和硫酸钙之间，而氯化锶和硝酸锶都比较易溶于水。

生 锶的化合物有什么用途呢？

师 除了用来做红色焰火，它的用途非常有限。氢氧化锶在制糖厂里会被用到，但你没必要了解得太仔细。锶和钡的产量比溴和碘多一点儿。最后，我要讲一种很常见的碱土金属——镁，它和钙的关系就像钠和钾的关系。

生 它们的原子量之间有关系吗？

师 当然有，钠的原子量是 23.00，镁的原子量是 24.32，这两个数值非常相近，其他成对的元素也是这样的。

生 我们以前用镁做过实验，我对它的印象很深刻。

师 是的，它和水的反应很微弱，而与酸的反应很剧烈，所以可以用它来检测酸。你知道镁还有什么用途吗？

生 它还可以用来照明，镁燃烧时可以放出耀眼的白光，可以用镁粉制造摄影时用的闪光粉。

① Strontiumhydroxid 为德语，表示氢氧化锶。

师 没错，镁的燃烧热很大，因此在形成氧化镁时会产生很高的温度。由于温度越高，光越强，而镁又不易熔化，因此它可以释放强光。一般来说，在同一高温下，固体放出的光线多于气体和液体放出的光线。

生 好神奇啊！

师 你知道镁燃烧所生成的氧化镁是什么样子吗？

生 我知道，它是一种白色物质，能在酸中溶解。

师 它的化学式是 MgO。它可以与水化合成氢氧化镁，但不如水和氧化钙反应那样剧烈，温度上升得不明显，所以不易被我们察觉。氢氧化镁可以使红色的石蕊试纸变蓝，它基本上不溶于水，但容易溶于酸，形成盐。这种盐含有二价镁离子，因为镁盐有苦味，所以镁离子可能也是苦的。

生 那酸性物质的酸味是来自氢离子吗？

师 是的。镁盐中最普通的就是硫酸镁，硫酸镁易溶于水，而且有 7 个结晶水，我们一般称它为苦盐。

生 它的味道也是苦的吗？

师 是的。其实我在讲氯化钾时就提到过氯化镁，它们可以构成一种名叫砂金石的重盐，化学式是 $KCl \cdot MgCl_2 \cdot 6H_2O$。砂金石是一种天然产物，在适当的条件下，可以析出氯化钾结晶。分布最广的镁的化合物是碳酸镁，矿物学家称它为菱苦土矿，它和方解石相似，二者可以构成一种名叫白云石的重盐，很多大山都是由白云石组成的。

生 我读到过关于白云石的资料。

师 在意大利的南蒂罗尔(Südtirol)境内，有一座多洛米蒂山(Dolomiten)[①]。

---

① 白云石在德文中写作 Dolomit，这个名字与多洛米蒂山（Dolomiten）有关。

白云石经过风化后会形成不规则的裂痕，因此由白云石组成的山脉看上去别具特色。碳酸镁加热后很容易失去二氧化碳而变为氧化镁。如果我们将碳酸钾或碳酸钠混合到镁盐中制造碳酸镁，那我们得到的物质就不是纯的碳酸镁，而是碳酸镁和氢氧化镁的混合物。

生 这是为什么呢？

师 碱金属的碳酸盐溶液里有一部分水会被分解，所以溶液里含有氢氧根，可以使石蕊试纸变蓝，这一点你之前就知道了（第五十一课）。镁离子和它放在一起，就会变成氢氧化镁和碳酸镁沉淀，这两种沉淀都是很轻的白色粉末。最后我再拿几种含水硅酸镁构成的镁矿给你看一下，它们分别是滑石、石碱石或蛇纹石。你摸一下，会感觉它们都很光滑、细腻。它们都比较耐高温，在制造煤气灯的时候，我们常常需要用到石碱石。

第五十六课｜铝

师　讲完了碱土金属，接下来我们要讲土金属①了，但我只讲其中一种，因为其他几种产量很少，而且我们对它们研究得还不够深入。土金属可以形成三价阳离子，它们的氢氧化物都呈弱碱性。今天我要讲的土金属就是铝，你见到过吧？

生　我见过很多铝制品，它们的外观和银子一样白，质地也很软。

师　没错，铝在空气中比较稳定，但也会被很多种盐溶液侵蚀。暴露在空气中的铝，外表会覆盖一层薄薄的氧化膜，就像涂了一层保护漆。

生　如果刮掉这些氧化物呢？

师　那被刮掉的地方就会重新生成一层新的氧化物，但我们也可以让这层氧化物失去作用。我给你做一个实验，这里有一片铝，我在上面滴一滴水银，用一块浸过盐酸的布去摩擦滴了水银的地方。

生　变得就像一面镜子了，和水银一样，亮晶晶的。

师　你再仔细看。

---

① 过去人们将硼族（ⅢA族）元素归为土金属，现已废弃不用。

生　为什么这块亮晶晶的地方突然长了一层"霉"呢，而且还可以看见这层"霉"的生长。

师　这是铝和潮湿的空气发生反应，生成了氢氧化铝。有水银的那一部分不能生成固态氧化物，所以氧化反应进行得很快。你摸一下铝的反面，已经变得很热了。正因为这样，我们千万不能让铝器接触水银。铝很容易和氧结合，所以，用铝化合物炼铝时要消耗很多能量。铝是通过电解熔融氧化铝而制成的。铝跑到阴极上面，而氧跑到阳极上面。阳极是碳，所以氧气会立刻在阳极变成一氧化碳，因此分解反应很容易进行。铝的密度是 $2.7g/cm^3$，比一般的重金属轻，重金属的密度至少是铝密度的三倍。铝可以拉成细丝或锤成薄片，这种薄片遇到硫化氢不会变暗，所以可以用来镀银，它的光泽也比银更加持久。薄片磨成细粉就是铝粉了，铝粉也有这种用途。铝会被酸类侵蚀和溶解，你把它与盐酸反应的化学方程式写出来看看，别忘了它是三价的。

生　$2Al+6HCl = 2AlCl_3+3H_2\uparrow$，对吗？

师　是的，溶液中含有三价的无色铝离子，可以和阳离子形成盐。但氢氧化铝是一种弱碱，所以铝盐在溶液中会被水分解为酸和碱。

生　我可以试一下吗？

师　这是氯化铝，你可以把它溶解在水里。

生　它瞬间就使石蕊试纸变红了——为什么水可以引起这种现象呢？

师　因为水会分解为氢离子和氢氧根离子，所以它既有酸的作用，又有碱的作用。但这两种离子的含量非常小，所以水只有在遇到由弱酸或弱碱形成的盐时，才会发生这种反应。氯化铝一旦溶解在水里，就再也无法取出来了。如果蒸发氯化铝溶液，就会发生下列反应：$AlCl_3+3H_2O \xlongequal{\triangle} Al(OH)_3\downarrow+3HCl\uparrow$，你把这个方程式读出来。

生　氯化铝与水反应生成氢氧化铝和氯化氢。看得出来，可以用它来制盐酸。

师 是的，但氯化铝也要靠铝和氯化氢来制备：$2Al+6HCl \xrightarrow{\quad\quad} 2AlCl_3+3H_2\uparrow$。我们可以用这个方法得到一种白色物质，这种物质既可以在高温时挥发，也可以溶解在水里，放出大量的热。我还要做个实验，给你看看氢氧化钾的特殊性质。这是氯化铝溶液，如果我将少量氢氧化钾加进去，就会生成一种沉淀，你知道这种沉淀是什么吗？

生 $AlCl_3+KOH$……不对，需要三个氢氧化钾才对：$AlCl_3+3KOH \xrightarrow{\quad\quad} Al（OH）_3\downarrow+3KCl$。生成的沉淀看上去像是氢氧化铝。

师 是的，如果我再多加一些氢氧化钾，那么生成的沉淀就会溶解，我们会得到一种绿色溶液。

生 这我就不明白了。

师 这一点你不明白也没关系。氢氧化铝既有碱的反应，也有酸的反应，因为它含有氢元素，而且氢的性质和弱酸中氢的性质相同，也就是说，氢氧化铝和水的性质相似，不过它的碱性更强。铝溶解在氢氧化钾里，为什么会放出气体呢？用上面的反应可以解答这个问题。这支试管里装的是铝和氢氧化钾，只要稍微将它们加热一下，过一会儿就会放出氢气。对了，矾土的主要成分就是氢氧化铝。

生 矾土就是用来制造陶瓷的黏土吗？

师 不是，黏土和矾土的区别很大。矾土是氢氧化铝，而黏土的主要成分是硅酸铝。在自然界中，硅酸铝可以和其他硅酸盐形成很多化合物，但其他硅酸盐会因为水和碳酸的作用而被分解。矾土是一种很弱的碱，碳酸不能和它发生反应。实际上，我们对碳酸铝了解得还不够多。对硅酸铝来说，碳酸毫无影响，所以硅酸铝在河里随着河水流动，在静止时才会沉淀下来。人们根据硅酸铝在黏土中的含量，将其分为瓷土、黏土、壤土等多个种类。在黏土中，比较常见的杂质是石英砂、氧化铁和碳酸钙。

生 瓷器是用瓷土制造的吗？瓷器上的釉是什么呢？

师 是的，那是长石。

生 为什么要用长石呢？

师 长石是硅酸钾和硅酸铝的化合物，熔化之后会形成一层玻璃质薄层。

生 釉为什么会这么光滑呢？

师 因为表面张力。光滑平面的面积小于粗糙平面的面积，任何液体静止时，表面都是光滑的。

生 原来是这样啊。

师 我再顺便说一说陶器的制法。先把黏土做成泥胚，放入窑中，当窑内温度最高时，往里面加入氯化钠，蒸发的氯化钠就会和窑内的水分构成硅酸钠和硅酸铝的重盐，同时释放氯化氢，而这种重盐正是陶器外面的那一层釉。

生 为什么红砖和花盆总是红色的呢？

师 因为用来烧制它们的黏土中含有氧化铁。釉也一样，会因为其中不同的金属氧化物而呈现出各种颜色。

生 这些知识很有趣，我还想知道得更多。

师 这都属于化学工业的范围，你以后可以去专门研究。现在我只能将化学方面的某些重要知识点告诉你，方便你记，让你知道化学与我们生活的各个方面都有关系。如果我们想了解一种工业方法，就必须熟悉化学的各个方面，将理论化学学好。

生 是的，我在学习理论时，也知道了很多有趣的故事。

师 那可不是嘛！你看，这种盐叫硫酸铝，你写一下它的化学式。

生 硫酸含有两个氢，而铝是三价的，所以我应该用三个硫酸；而三个硫酸里一共含有六个氢，所以我需要用两个铝，对吗？如果没错的话，那么硫酸铝的化学式应该是 $Al_2(SO_4)_3$。

师 没错！硫酸铝中含有 24 个结晶水，如果我把硫酸铝溶液和硫酸钾饱和溶液混在一起，摇一摇，就会产生一种类似沙子的粉状沉淀，你可以用放大镜看一下。

生 都是有规则的晶体，很好看！

师 它们是硫酸钾和硫酸铝的化合物，我们将这类盐称为重盐，它们的化学式是 $K_2SO_4+Al_2(SO_4)_3$。因为它可以除以 2，所以可以写得更简单些，还可以把结晶水也写出来：$KAl(SO_4)_2·12H_2O$，这种物质叫硫酸钾铝，俗称明矾，它是我们暂时唯一能制造出来的纯铝盐。

生 为什么呢？

师 因为其他所有铝盐都不容易结晶，而且我们除了用结晶法，几乎没有其他办法提纯。铝盐是染色时用的媒染剂。

生 媒染剂是什么呢？

师 媒染剂可以使燃料和织物结合得更加牢固。因为氢氧化铝可以和织物紧密结合，所以只要用氢氧化铝作为媒介，颜料就可以牢固地附着在织物上面。

生 但明矾不是氢氧化铝呀，难道只能把氢氧化铝从明矾中提取出来吗？

师 氢氧化铝是一种弱碱，所以一部分铝盐会在水溶液里分解，所以它会因为水而分解为自由酸和自由碱，也正因为这样，织物才能将部分氢氧化铝占为己有。你说说，我们可以用什么方法让它变得更容易分解呢？水分解和什么有关呢？

生 和弱酸或弱盐有关，但我们没办法让氢氧化铝变得更弱吧？

师 不能，但明矾里的硫酸无关紧要，我们可以用一种弱酸的铝盐——你认识哪些弱酸呢？

生 亚硫酸、碳酸、醋酸，这些都是弱酸。

师　其中只有醋酸可以和氢氧化铝形成可溶盐。这是明矾溶液，如果单独加热它，它不会发生变化，但如果放一些醋酸钠，很快就会变浑浊，沉淀物是水从新生成的醋酸铝中分离出来的氢氧化铝。

生　但溶液里面并不是醋酸铝，而是硫酸铝和醋酸钠呀！我们怎样让它生成醋酸铝呢？

师　它是自动生成的，盐的离子在水溶液里是独立存在的，也就是说，硫酸铝里面的铝离子和醋酸钠里的醋酸根离子可以同时存在，这种情况就和两者先化合成固态醋酸铝，然后溶解在水中变成离子是一样的。

生　原来是这样啊！您要是不说，我肯定想不到。

师　其实你应该想得到，你之前做的那些实验已经证明了氯离子和银离子或硫酸根离子和钡离子，它们无论怎样混合，都会生成沉淀。今天我们就讲到这里了。

第五十七课 | 铁（一）

师　今天，我们开始学习关于重金属的知识，首先要讲的是铁，因为它是最重要的重金属。

生　为什么铁是最重要的呢？难道不是黄金吗？

师　你是不是以为黄金昂贵而铁廉价，所以才这么说的？其实，这正是铁比金子重要的原因。

生　这我就不明白了。

师　如果铁也和黄金一样贵重，那我们就无法用它来制造机器、铁轨、桥梁和其他工具了，即使把世上所有的黄金收集起来，也无法满足一个小型机器工厂对金属的需求呢！

生　但我从来没在大自然中见过铁，是因为它藏在地下吗？

师　铁的化合物广泛分布在自然界中，铁就是从这些化合物中提炼出来的。你知道那些寸草不生的岩石是什么颜色的吗？

生　褐色或淡红色，也有灰色和淡绿色的。

师　没错，地壳的主要成分是铝、钙、镁和硅，你知道，这些元素的化合物一般都是无色的。

生　是的，但我没想到石头也和这有关。

师 如果石头和由石头构成的东西带有颜色，那颜色一定来自另一种元素。这些颜色一般都和铁有关，因为铁是普遍存在的。只有那些有植物生长的地方才会有黑色和褐色的物质，这些物质的颜色是由枯枝败叶腐烂后产生的，我们将这种物质称作腐殖土，它不属于化学中的某种具体化合物。你还知道哪些关于铁的知识呢？

生 铁会生锈，它是一种具有韧性的灰色金属。

师 很好！铁分为生铁和熟铁，钢的主要成分也是铁。

生 它们也像碳一样，是同素异形体吗？

师 不是，它们是根据含碳量的多少而区分的。与工业上使用的其他铁相比，熟铁的含碳量最少，不到百分之一。你见过铁匠打铁吗？

生 看过，铁匠会先把铁烧红、烧软，然后让铁变弯，或者用铁锤将铁锤扁，铁冷却后还会重新变硬。

师 没错，铁在熔化之前会先变软，我们可以让两块烧红的铁像树脂和沥青一样粘起来，这种方法叫熔接。

生 这我见过。

师 那你见过生铁吗？

生 见过，它的颜色比熟铁更深，但它好像比熟铁更容易断裂。

师 是的，因为生铁的韧性比较差。如果用放大镜观察一下生铁的断面，就会发现明暗不同的晶状物，那些比较暗的物质就是石墨。

生 为什么生铁里面会有石墨呢？

师 因为炼铁离不开焦炭，其中的碳元素会进入熔化的铁中，而铁在凝固时无法容纳这么多碳，所以这些碳就变成晶体析出了。

生 要是能析出金刚石就好了！

师 如果使铁在熔融状态时突然冷却，是有可能得到金刚石的，但这样生成的金刚石太小了，很难验证。因为生铁含碳量比较高，所以它比熟铁更脆。我在这块生铁上倒一点儿盐酸，你猜会发生什么反应？

生　铁会溶解在盐酸里，对吗？如果是对的，那铁就会和氯化合而产生氢气，而且我确实看到了很多气泡。

师　你闻一闻。

生　好难闻啊！这是什么呢？闻起来和硫化氢不一样。

师　在生铁中，有一部分碳会和铁化合，这种碳会和氢生成碳化氢一类的物质，刚刚那种难闻的气味就来自这种物质。如果我们点燃这些不纯的氢气，就会生成水和二氧化碳。相反，盐酸完全溶解铁后，就会剩下黑色的石墨粉末。

生　那钢是什么呢？

师　钢就是碳含量在 0.02% ~ 2.11% 的铁。我这里有一个钢制的发条，你看，我可以让它弯得很厉害，但只要我一松手，它就立马恢复原状了。

生　这就是弹性吧？

师　没错，现在我把发条的一端烧红，将它放入水中，你再弯一下试试。

生　它断了。

师　是的，但它也变硬了，我们可以用它来划玻璃，你用断口处的尖角划一下玻璃。

生　确实可以。

师　现在我重新加热这块钢，但这次不把它放入水中，你再弯一下试试。

生　它完全变软了，和铅一样，而且失去了弹性，我可以让它完全弯曲。

师　现在，我再次烧红它，让它快速冷却，它还会变得又硬又脆。

生　那怎样才能让它和以前一样有弹性呢？

师　先冶炼，然后将其加热到一定温度就可以了。加热的温度越高，钢的硬度和脆度损失得也就越大。

生　那我们怎样知道温度是否合适呢？

师 在温度计被发明出来之前，人们掌握了一种解决办法。我把这块钢的一端烧红，再令它冷却，你看见什么了？

生 钢上面出现了很多颜色，我把小刀的刀尖放在火上加热，也会出现这种现象。

师 这种颜色的排列是有规律的，从没有受热的那一端开始，你依次看到了哪些颜色呢？

生 首先是黄色，然后是褐色、红色、深红色、紫色、绿色、灰色。

师 是的，越往后温度也会越高，所以我们可以通过颜色的变化来了解温度的变化。另外，每一种颜色所对应的硬度也是固定的。

生 真有趣！人们是不是很早就明白了这个道理呢？

师 不是，人们以前只知道将它烧成不同的颜色，就能获得不同硬度的材料。铁厂所用的工具，只要烧成黄色的钢就可以了；黄铜厂所用的工具，只要烧成褐色的钢就可了。

生 这个发条是紫色的，它的原料必须是被冶炼成紫色的钢。那这些颜色到底是怎么来的呢？

师 这颜色来自薄片。我将细玻璃管的一端烧热，等它受热合拢后，再用力将它吹成球。

生 不好，它要炸了！现在碎成薄片了，就像珍珠一样好看。

师 这就是薄片的颜色，这种颜色和肥皂泡上面的颜色相同，任何透明的物质扩张为薄片后都会带有这种颜色，等你学习物理了，你就会明白这种现象的成因。钢放在火中加热时，铁会和氧气结合，形成氧化铁，而且温度越高，形成的氧化铁就越厚，而薄片的颜色便取决于氧化铁的厚度。现在你知道颜色和温度之间的关系了吧？

生 我知道了，在同一温度下，钢放置的时间越长，表面的氧化铁就会越厚，对吗？

师 是的，同时钢也会变得更软。

生 那为什么钢在加热时会变软呢？

师 铁在高温下可以和碳化合成很硬的碳化铁，如果我们使它快速冷却，碳化铁没有变化，钢却会变硬。相反，如果我们使它慢慢冷却，那么碳化铁就会分解为铁和石墨，而这两种物质都是软的。如果我们再小心地加热硬钢，碳化铁就会变成碳和铁，而且生成速度随温度的上升而加快。如果我们在适当的时候停止加热，那么，这种状态就会在冷却之后一直保持。我们可以用这个方法任意调节碳和铁的比例，从而使钢铁达到我们想要的硬度。

生 我还是不太明白，您说碳化铁是在高温下生成的，然后又说它会受热分解，这不是自相矛盾吗？

师 只是表面上矛盾而已，实际上，它第二次受热的温度远远低于第一次，在这种情况下，大部分碳化铁会分解，只是分解速度很慢，并不是立刻全部分解。

生 我大概明白了。那为什么钢比铁要贵很多呢？

师 我们只能用熟铁炼钢，而熟铁比生铁贵，所以钢自然就比较贵了。接下来，我们先观察一下生铁和盐酸反应所形成的溶液。它是什么颜色呢？它里面含有哪些物质呢？

生 它是淡绿色的，里面应该含有铁的氯化物。

师 没错，里面含有一种二价铁盐，也就是二价铁离子。你把铁和盐酸的反应方程式写出来看看。

生 $Fe+2HCl=\!\!=\!\!=FeCl_2+H_2\uparrow$，对吗？

师 没错。二价铁离子是淡绿色的，它的味道和墨水相似。

生 它有毒吗？

师 没有，所有生物体内都含有铁元素，它存在于植物的叶片和动物的血液中。我将少量氢氧化钾倒入铁的溶液里，马上就会生成淡绿色的氢氧化亚铁沉淀。如果我们用力摇晃杯子，这种沉淀的颜色就会变深，如果将它们取出来放在空气中，它们就会变成褐色。

生　这是为什么呢?

师　氢氧化亚铁会从空气中吸收氧气，变成另一种颜色的化合物。如果我们用硫酸代替盐酸来溶解铁，我们就会得到七水硫酸亚铁，这是一种含七个结晶水的绿盐，又叫绿矾，化学式是 $FeSO_4 \cdot 7H_2O$。

生　Vitriol①这个字眼怎么解释呢?

师　它表示某些金属的硫酸盐，这些硫酸盐有相似的性质。

生　好像在德语中，硫酸也叫 Vitriol 吧?

师　以前人们并不知道硫黄燃烧所生成的二氧化硫经过氧化可以生成硫酸，所以他们通常从 Eisenvitriol②中提取硫酸，所以硫酸又被称作 Vitriolöl③。绿矾在高温时会释放二氧化硫，留下氧化铁。因为这种硫酸是通过绿矾制造的，质地像油，所以也叫它矾油。从前，人们会把天然的硫化亚铁矿石放在空气中氧化，以此得到绿矾，化学方程式是 $FeS + 2O_2 \xlongequal{\hspace{1em}} FeSO_4$。硫化亚铁的用途很广，比如染色和制造墨水。

生　这就是墨水带有亚铁味的原因吗?

师　是的，墨水的主要原料就是铁盐和五倍子④的浸出液，这种浸出液含有一种名叫单宁酸的有机酸，它和铁盐可以生成一种黑色化合物。欄

---

① Vitriol 为德语，表示矾。

② Eisenvitriol 即绿矾。

③ 在德语中，硫酸一般写作 Schwefelsäure。

④ 五倍子，植物名，可入药。

树皮等各种树皮中都含有单宁酸，所以钉入橄木的铁钉会呈现黑色。

生　用墨水写出的字最初比较淡，然后会慢慢变黑，这是为什么呢？

师　这是因为墨水中的亚铁离子吸收了空气中的氧气，这种比较高级的化合物的颜色较深。亚铁盐还有很多，但我只讲了硫酸亚铁，因为它在自然界中的产量很高，那种矿石叫作菱铁矿，它的晶体和方解石相似，不过是灰绿色的，铁就是用这种矿石提炼出来的。这节课就到此为止了。

第五十八课 | 铁（二）

生　我最近在复习的时候，总是想到您之前说的比较高级的氧化物，我对它们一无所知。

师　其实你已经学过很多了，比如硫黄可以生成二氧化硫和三氧化硫，或者生成亚硫酸和硫酸，你把这几种物质的化学式写出来看看。

生　SO_2、SO_3，还有 H_2SO_3、H_2SO_4。在这两组物质中，后者总是比前者多一个氧原子。

师　而且前者在适当情况下会和空气中的氧气反应变成后者，铁的性质也是这样。二价铁离子可以形成氢氧化亚铁，我之前给你演示过了。氢氧化亚铁去水后就是氧化亚铁。氧化亚铁是一种黑色粉末，容易与氧气发生反应，生成一种名叫氧化铁的高级氧化物，氧化铁的化学式是 Fe_2O_3。说起氧化铁的化学式，我就想起了氧化铝。氧化铁和氧化铝有很多相似的性质，氧化铝的化学式是 Al_2O_3。这里有一块镜铁矿，主要成分是氧化铁。

生　这种晶体看上去就像金属。

师　如果我们将它磨成细粉，那它就会失去光泽，呈现出深红色，人造氧化铁就是这种颜色。不过，不同的制法也会导致人造氧化铁的颜色不同。

生 这和什么有关呢?

师 主要和温度有关。温度越高,氧化铁的颗粒就越大,也就越接近镜铁矿的颜色。我们可以用氧化铁来制造染料。除了镜铁矿,氧化铁还能和氧化亚铁形成磁石①。磁铁矿是一种很重要的矿石。

生 为什么叫它磁石呢?

师 因为它具有磁性。

生 是的,磁体可以把铁吸住。

师 我们继续讲氧化铁。我们可以通过加热氢氧化铁得到氧化铁和水。氢氧化铁存在于自然界的褐铁矿中,将褐铁矿磨成细粉,就可以得到从黄色到褐色之间的所有颜色。

生 铁锈也是铁的氧化物吗?

师 铁锈是铁在空气中同时和氧气、水反应生成的氧化铁。铁锈一旦生成后,就会不断蔓延,因此生锈的铁块往往很脆弱,甚至穿孔。这要是发生在锅炉、铁桥等物体上,后果是很严重的。

生 怎样才能防止生锈呢?

师 只要涂一层可以隔离空气和水的物质就可以了,比如在铁的表面涂一层油漆或镀一层金属。现在,我把少量盐酸和氢氧化铁混合起来,然后加热,氢氧化铁就会溶解在盐酸里面,变成氯化铁,你写一下化学方程式。

生 $Fe(OH)_3 + 3HCl \xrightarrow{\triangle} FeCl_3 + 3H_2O$。

师 很好!我们得到了铁离子的盐,这种铁离子不是二价的,而是三价的,我们称之为三价铁离子,它和二价铁离子是有区别的。

①这里说的磁石指四氧化三铁,化学式为 Fe_3O_4。

生 它们都是铁元素呀，为什么会有区别呢？

师 它们的区别就像石墨与金刚石的区别、白磷与红磷的区别。我们可以把它们看作同素异形的铁离子，因为它们含有的能量是不同的。不过它们的主要区别在于化合价不同，所以，化学性质也不一样，比如二价铁盐和锰盐的性质相似，而三价铁盐则跟铝盐的性质相似。

生 您说过，氧化铁和氧化铝具有相同的晶体形状。

师 这种相同情况也发生在其他铁化合物和铝化合物之中呢！现在我把固态氯化铁拿给你看，它具有绿色的金属光泽，就像某些甲虫的颜色。将铁放在氯气中加热，就能得到氯化铁。

生 为什么不直接将氢氧化铁溶解在盐酸里，然后蒸发溶液呢？这种溶液里面不就含有氯化铁吗？

师 这可行不通，用这种方法得到的是一种黄褐色的盐，它还含有 6 个结晶水。你也不可能让那些结晶水受热蒸发，那样只会让氯化氢蒸发，最后只留下氢氧化铁：$FeCl_3 + 3H_2O \xrightarrow{\triangle} Fe(OH)_3 + 3HCl$。

生 这是为什么呢？

师 氢氧化铁是一种比氢氧化铝更弱的碱，它的一部分会在水溶液里分解成自由酸和碱。加热时，前者会挥发，挥发之后又会重新产生，这个反应会持续到氯化铁全部分解完为止，和氯化铝的情况很相似。这种分解反应在加热时很明显，你看，我把氯化铁溶液稀释到没有颜色的状态，然后把它分别装在两支不同的试管里，再将其中一支试管中的氯化铁加热到接近沸腾的状态。

生 溶液完全变成红褐色了。

师 这是因为氢氧化铁从氯化铁中分解出来了，但它不是沉淀，而是和硅酸一样，变成了胶体，存在于溶液中。如果现在把试管放在水里，使它冷却，红褐色也还是不会消失，因为胶体状的氢氧化铁和盐酸反应非常缓慢。你把两支试管保存下来，过一段时间，你会看到加热过的溶液颜色慢慢变浅，最终和另一支试管里的液体颜色完全相同。

生 那我一定要试一试！

师 如果我在少量氢氧化铁的浓溶液中慢慢滴入氢氧化钾，同时加以搅拌，那么形成的氢氧化铁就会变成悬胶，溶解在未分解的氯化铁中，这样我们将会得到一种深红色液体。你看，这是另一种三价铁盐，叫作铁明矾，它的化学式是 $FeK(SO_4)_2 \cdot 12H_2O$，和明矾的化学式很像，只是将铁替代了铝。现在，我将铁明矾溶解在水里。

生 溶液是淡褐色的，没有氯化铁溶液那么黄。三价铁离子到底是什么颜色呢？我以为是黄色的。

师 带一点儿淡黄色。这种溶液的褐色来自于其中少量的胶质氢氧化铁。如果我加一些硝酸进去，去掉其中的氢氧化铁，溶液就会变成接近无色的状态。

生 我看到了，那氯化铁溶液的黄色是怎么来的呢？

师 没有分解的氯化铁是黄色的。关于三价铁盐的知识，你现在学得差不多了，我还要把一些关于二价铁盐和三价铁盐之间的转变情况告诉你。你把氯化亚铁和氯化铁的化学式写出来，然后告诉我怎样才能使它们相互转变。

生 $FeCl_2$、$FeCl_3$。要想让前者变成后者，必须加氯才行。

师 是的，我在之前的氯化亚铁溶液中加了一些氯水，它立刻就变黄了。你用氯酸钾和漂白粉试一试，硝酸也具有相同的作用。通过这些现象，我们可以推断出二价铁盐是因为氧化剂才变成了三价铁盐。相反，我们也可以用还原剂使三价铁盐变成二价铁盐。你能用什么方法将氯从氯化铁里提取出来呢？

生 使用一种可以与氯化合的物质就行了，比如另外一种金属。

师 非常正确！我将少量的镁和黄色的氯化铁溶液混合起来，然后摇晃几下，再进行过滤。

生 溶液立刻就变成无色的了。

师 锌也有这种作用，不过速度会比较慢，你把方程式写出来看看——你得考虑到镁可以和氯化合。

生 镁可以和两个氯化合，而氯化铁却只能分离出一个氯原子，所以方程式应该是 $2FeCl_3+Mg = 2FeCl_2+MgCl_2$。

师 没错，你把镁换成铁试试。

生 $2FeCl_3+Fe = 2FeCl_2+FeCl_2$。

师 这个方程式还可以写得更简洁。

生 $2FeCl_3+Fe = 3FeCl_2$，形成的都是氯化亚铁。

师 是的。你看，我们可以用这个方法使三价铁盐变成二价铁盐，而且不需要加入其他物质。现在我们要来认识铁的硫化物了，其实你已经认识一种了，我在讲硫化氢的时候提到过。

生 讲硫化氢的时候？我想起来了！我们制造硫化氢的时候用过，它是一种黑色的物质，化学式是 FeS。

师 它是二价铁的硫化物，所以和盐酸化合之后会形成氯化亚铁和硫化氢。和它相应的硫化铁，我们现在还不够了解，但在自然界的黄铁矿中，存在着大量的二硫化铁。这里有几块黄铁矿，你来描述一下它们的外观。

生 它们是晶体，具有金属的光泽，外表和黄铜相似，但黄中带绿。

师 很好！我在小试管里放一小块黄铁矿，然后快速加热，你看到什么了？

生 试管的上半部分产生了一种新的物质，我猜是硫黄，我来闻一闻——是二氧化硫的气味。

师 是的，黄铁矿在加热时会失去一半硫而形成硫化亚铁。在空气中，硫

化亚铁会与水反应，生成绿矾。铁和硫很容易化合，你把铁屑和硫黄按照 32 ∶ 56 的原子量比例混合起来，然后取一部分放在一支试管里加热。

生 全都烧红了。

师 形成了硫化亚铁。你把剩下来的那一部分用水浸湿，然后放在一个小罐子里，明天我们再来观察它的变化。

第五十九课 | 铁（三）

师 你还知道硫化亚铁的其他性质吗？

生 它和盐酸放在一起会释放硫化氢。我能把这个实验做一遍吗？啊，真是硫化氢的气味呢！

师 硫和氢这两种元素在常温下也可以化合，虽然速度很慢，但我们已经得到结论了。之所以让你做这个实验，是想让你认识一种缓慢的反应。

生 试管里的混合物被加热后会放出热量，在这个实验里，热量会传到什么地方去呢？按照您以前讲的，不论化合物的形成速度是快是慢，放出的热量都是相等的。

师 说得好极了！放出的热量确实是相等的，但它有充分的时间会因为传导而散失。如果我们多制造一些这样的混合物，同时紧紧地将它包扎起来，那么混合物就容易达到灼热的程度。当然了，这需要很长的时间，但总会有很多热量聚集起来。

生 那我倒想试一试！

师 如果我们把几磅混合物放在罐子里，然后加水润湿，埋在离地面不远的地方，我们就可以看到类似火山喷发的景象。不过这个实验只能在空旷和不会引发火灾的地方才能操作。现在我要讲一讲怎样从铁矿中

提炼铁，这不是一件容易的事，铁的熔点很高，我们用来炼铁的原料都是铁的氧化物。

生 您不是说黄铁矿的产量很大吗？

师 是的，但硫黄会影响铁的性质，所以我们不能用含硫的铁矿炼铁。炼铁时，我们将铁矿、焦炭和熔剂（熔剂可以和铁矿中的杂质形成易溶解的矿物渣）依次加进鼓风炉里，然后在火炉下面通入热空气。这是一张鼓风炉的图片（图69），空气从底下的小管道进去，而聚集在炉底的液态铁和液态矿渣就可以从最下面的洞口流出来。

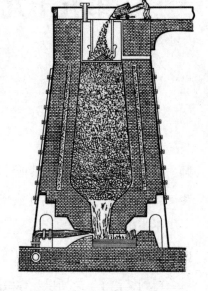

图 69

生 铁是怎样形成的呢？

师 这个过程比较复杂。火炉下面的焦炭燃烧后会生成一氧化碳，一氧化碳被吹到上面时，就可以将铁矿中的氧化铁还原成铁，方程式是 $Fe_2O_3+3CO \xrightarrow{\triangle} 2Fe+3CO_2\uparrow$。这种反应发生在炉内比较高的位置，因为它需要的热量不多。

生 这样就完成了吗？

师 还早呢！在这么低的温度下，铁不会凝结在一起，我们得到的只是一种海绵状的铁，这种铁和碳的混合物流到下面比较热的地方，就会化合为碳化铁，碳化铁可以和多余的铁形成比较容易熔化的混合物。

生 这样是不是就可以得到生铁了呢？

师 是的。如果我们要用生铁来炼钢或熟铁，应该怎么做呢？

生 钢或熟铁中的含碳量不高，所以我们应该把碳从生铁中提取出来。

师 我们一般先将生铁炼成熟铁，再用熟铁来炼钢。

生 那我们必须把焦炭加进去，应该是让它们一起熔化吧？

师 不对，如果我们把熟铁放在焦炭中充分加热，经过很长时间后，碳就会跑到铁里面去，而且时间越长，跑进去的碳就越多，所以等进入铁中的碳含量刚好可以用来炼钢的时候，我们就得停止加热。不过通过这个方法练出来的钢，大部分碳会存在于钢的表面。如果我们想得到质地比较均匀的钢，就得将它熔化，重新冶炼一次。我们将这种方法称为钢化，这样得到的钢，我们称之为碳浸钢。关于炼铁，你学得差不多了，我还想把铁的几种复杂的化学性质告诉你。你还记得氢离子和氢氰酸吗？

生 记得。

师 你马上就能知道氢氰酸这个名字的由来了。我把氰化钾加入一种二价铁盐的溶液中，首先会生成一种沉淀，如果我多加一些氰化钾，那么沉淀就会溶解，从而得到一种不再显示铁离子反应的淡黄色溶液。现在，就算我再多加入一些氢氧化钾，也不会生成氢氧化亚铁沉淀。或者我将硫化氢气体通入这种碱性溶液中，也不会生成硫化亚铁沉淀。

生 那铁去哪儿了呢？

师 还在溶液里，不过已经不存在二价铁离子了，因为它和氰根形成了一种非常坚固的化合物，我给你写一下化学方程式：$FeSO_4 + 6KCN = K_4Fe(CN)_6 + K_2SO_4$。离子方程式可以写成 $Fe^{2+} + 6CN^- = Fe(CN)_6^{4-}$。你看，二价铁离子和六价氰根形成了四价阴离子，后者会变成钾盐留在溶液里，这种钾盐就是黄血盐。

生 这个名字真奇怪！

师 黄血盐最初是这样提取的：加热干血，再用水从这些固体中浸提。干血在受热时，有机物中的碳元素和氮元素会跟血球中的钾元素和铁元素反应，从而形成黄血盐。这个反应很复杂，我们无法用一个简单的方程式来解释。你仔细观察这个方程式，看一下其中有哪几种离子。

生 四个钾是阳离子，$Fe(CN)_6^{4-}$ 是阴离子——那它叫什么呢？

师 亚铁氰根，这种盐的正式名称是亚铁氰化钾。在亚铁氰根里，铁和氰根的性质都变得非常强，所以，亚铁氰根既没有亚铁离子的反应，也没有氰根的反应。与氰根不同的是，亚铁氰根没有毒性。我们将这种由其他简根构成的根称为复根。如果我们发现某一种简根丧失了它应有的反应，那我们就可以肯定：它构成了某种复根。复根具有它本身的反应，我稀释少量氯化铁后，再加一些亚铁氰化钾进去。

生 这种蓝色真好看！

师 这个反应是18世纪一位名叫狄斯巴赫的柏林化学家首次发现的，所以这种蓝色物质就叫柏林蓝或普鲁士蓝，后来也有人叫它巴黎蓝，不过这个名字真是莫名其妙。这个反应形成了一种盐，你仔细想想，它是怎么构成的？

生 那一定是三价铁离子和亚铁氰根的化合物。前者是三价的，后者是四价的，所以我应该使四个铁和三个亚铁氰根相互化合，对吗？如果是这样，那化学式应该是 $Fe_4[Fe(CN)_6]_3$，确实有点儿复杂。

师 我把氢氧化钾加在蓝色液体中，你看，颜色消失了，而溶液中出现了少量的氢氧化铁沉淀。这是因为三价铁盐被氢氧化钾分解后，重新生成了亚铁氰化钾，你把方程式写出来吧。

生 我应该用多少氢氧化钾呢？四个三价铁等于12，所以方程是应该是
$$Fe_4[Fe(CN)_6]_3 + 12KOH == 4Fe(OH)_3\downarrow + 3K_4Fe(CN)_6\downarrow。$$

师 没错，你已经对这种计算方法很熟练了。

生 我感觉每一次计算都像一次冒险，但我相信只要遵守定律，结果就一定是正确的。

师 你已经看出亚铁氰根是复根了，它的情况有些像硫酸或磷酸，不同的是它里面含有一个四价金属，而且它也可以形成酸，只要把浓盐酸加在亚铁氰化钾浓溶液中，就可以得到这种酸，方程式是这样的：$K_4Fe(CN)_6+4HCl \rightleftharpoons H_4Fe(CN)_6\downarrow +4KCl$。这种酸会以一种淡蓝色的晶状沉淀析出，很不稳定，所以我不想再讨论这种酸了，我更愿意给你讲几种亚铁氰化钾的性质。如果用一种二价铁盐如氯矾来代替三价铁盐，那我们也可以得到一种沉淀。

生 这种沉淀是淡蓝色的。

师 如果它很纯，那它就是白色的，但只要有一丁点儿氧气，它就会变蓝。你可以看到和空气接触的表面，颜色正慢慢变深，这是亚铁氰根的亚铁盐，它的化学式是什么呢？

生 亚铁氰根是四价的，二价铁离子是二价的，所以我只需要用两个二价铁离子就行了：$Fe_2Fe(CN)_6$。

师 很好。这样的话，亚铁氰化钾就可以用来证明二价铁盐，也可以证明三价铁盐——它能与第一种盐形成白色或淡蓝色沉淀，与第二种盐形成深蓝色沉淀。

生 如果两种盐同时都有呢？

师 那我们只能判断出它含有三价铁盐，因为极少量的三价铁盐就可使沉淀变成深蓝色。现在我把氯水加到亚铁氰化钾溶液中。

生 溶液变得很黄很黄。

师 因为生成了另一化合物，方程式是 $2K_4Fe(CN)_6+Cl_2 \rightleftharpoons 2K_3Fe(CN)_6+2KCl$，离子方程式是 $2Fe(CN)_6^{4-}+Cl_2 \rightleftharpoons 2Fe(CN)_6^{3-}+2Cl^-$。原来的四价亚铁氰根现在变成三价的了，它把一个电子给了氯，变成了氯化物。$Fe(CN)_6^{3-}$ 叫作铁氰根，它的钾盐是铁氰化钾。你看这就是铁氰化钾，它是深红色的，和花岗石非常相似，我们也叫它红血盐，它的水溶液特别黄。

生 新生成的离子的化学构成和亚铁氢根一模一样呢！

师 是的，这种情况与二价铁离子和三价铁离子的情况相同。不同的是，一个是复根，另一个是简根。铁氰根是亚铁氰根氧化后形成的，而三价铁离子则是由二价铁离子氧化后形成的，我们也可以用还原剂令铁氰根变成亚铁氰根。

生 为什么铁的化合价会随着氧化反应而增加，而亚铁氰根的化合价会随着氧化反应而减少呢？

师 因为前者是阳离子，后者是阴离子。物质的化合价和它形成离子时的电量相对应：氧化反应就是离子的正电荷增加，所以原来含有四个电荷的亚铁氰根经过氧化反应获得了一个正电荷，这样它就变成三个负电荷。

生 我没听明白。

师 金属会在阳极上变成金属离子，也会因为氧化反应变成金属离子。如果用氨水或硝酸来处理金属，那么就会产生这种金属的离子。也就是说，正电荷和氧化反应的意义是完全相同的。如果要使一个阴离子氧化，那么它就会形成对应的单质。也就是说，它其实没有失去一个负电荷，因为正负电荷刚好抵消了。

生 那我可以把离子看作带电的物质，阳离子带正电，而阴离子带负电。

师 没错，而且二价离子所含电荷是一价离子电荷数的两倍，而三价和四价离子则分别是一价离子电荷数的三倍或四倍。

生 为什么含有带电离子的盐类既不会产生电火花，也不会出现电荷吸引的现象呢？我从来没有见过类似的现象。

师 那是因为任何一种溶液中的正负离子数是相等的，所以带电量相当于零，也就是没有电的反应。我们不能制造一种只含氯离子或钾离子的溶液，因为一旦制出来，这一类溶液的电荷强度一定会很大。我还要通过实验演示几种铁氰根的反应。如果我将少量铁氰化钾溶液加到一种二价铁盐的溶液里，那么就能得到一种深蓝色沉淀，这种沉淀和亚铁氰钾与三价铁盐形成的沉淀完全相同。

生 它们不是同一种物质吗？

师 不，这种沉淀含有二价铁离子和三价铁氰根，化学式是 $Fe_3[Fe(CN)_6]_2$，其中铁和氰根的比例是 5 ∶ 12，而柏林蓝里铁和氰根的比例是 7 ∶ 18。如果以 36 份氰根为标准，那么柏林蓝里只含 14 份铁，而现在形成的沉淀中却含有 15 份铁。它们的区别不太明显，它们的外观和它们对其他物质的反应完全一样。如果我们将铁氰化钾溶液加到一种三价铁盐里，那它们就不会产生沉淀，只是溶液的颜色会变得更深。

生 这是为什么呢？

师 原因很简单，铁氰根的三价铁盐可以溶解，我可以用这个方法发现少量存在于三价铁盐中的二价铁盐。因为只需少量的二价铁盐，就能产生蓝色沉淀。以前那种情况刚好相反，因为那是用来证明少量存在于二价铁盐中的三价铁盐的。今天我们就讲到这里了，最后还有一点需要提醒你：亚铁氰化钾和红血盐本身都含铁，但我们依然可以将它作为检测试剂来证明铁的存在，因为它们虽然含铁，但不含铁离子。

第六十课｜锰

生　您当初说金属化学并不难学，但我觉得关于铁的知识就已经很难了。虽然我认为自己懂了，但又没有把握。

师　我们以后还会经常遇到和铁相似的情况，这就和学习盐酸的知识一样：你在学习关于盐酸的知识的同时也学会了其他知识，这些知识和其他酸类都有关系。我们今天将要学习的锰就和铁很相似。这是金属锰，它有点儿像铁，它在潮湿的空气里很容易氧化。锰锈是深褐色的，它溶解在酸中的速度比铁快得多，溶液是淡玫瑰色。

生　它的用途和铁一样吗？

师　不一样，锰本身用处不大，但我们可以让它和铁构成一种合金。

生　什么是合金呢？

师　金属混合物就叫合金，它的外观通常和纯金属相似，而且在大多情况下，它都是物理式的混合物。锰和酸类可以形成玫瑰色溶液，溶液里含有二价锰盐，锰离子（Mn^{2+}）和镁离子很相似，你把硫酸和锰反应的化学方程式写出来看看。

生　$Mn+H_2SO_4 \Longrightarrow MnSO_4+H_2\uparrow$。

师　没错。你看，这就是硫酸锰，它也是淡红色的。我把氢氧化钾或氢氧化钠加到溶液中，就可以得到氢氧化锰沉淀，它的颜色和硫酸锰一样，也是淡红色的。

生 但溶液表面出现了一种褐色物质，那是什么呢？

师 氢氧化锰和氢氧化亚铁的性质完全相同，它在空气中会经过氧化反应而形成一种含氧量较多的化合物，这种化合物是深褐色的，但这种氢氧化物并不是碱，因为它不能和酸反应形成盐。锰的化合物还有很多，其中有一种是二氧化锰，你还记得它的性质吗？

生 我们曾经用它来制取氯气，二氧化锰所含的氧可以使氧化氯中的氢氧化（第二十八课）。

师 是的。现在我们仔细观察这个反应，我这里有一些碾得很细的氧化锰，我把浓盐酸倒在它上面。

生 好像生成了一种绿棕色的溶液。

师 是的，形成了四氯化锰：$MnO_2+4HCl \Longrightarrow MnCl_4+2H_2O$。四氯化锰加热会分解成二氯化锰和氯气：$MnCl_4 \overset{\triangle}{=\!=\!=} MCl_2+Cl_2\uparrow$。你看，这是二氯化锰的样品，它是玫瑰色的，和其他二价锰盐一样，而试管里的液体在氯气挥发后就褪色了。另外，二氧化锰的性质在很多方面都和一种弱酸亚锰酸（H_2MnO_3）相似。

生 现在已经提到三种不同的锰化合物了。

师 另外还有两种呢！我把碳酸钾和碳酸钠的混合物溶解在一块铂片上，这种混合物比碳酸钾或碳酸钠更易溶解。

生 这和什么有关呢？

师 当我们在一种物质种加入另一种在液态时可与其互相融合的物质，那么原来那种物质的熔点会降低。现在我将少量硝酸钾加入少量锰盐中，让它们溶解一段时间，然后让它们冷却下来。

生 变成了接近黑色的深绿色。

师　是的，生成了一种新的锰化合物。我这里有很多这种物质，它是二氧化锰和碳酸钾加热时形成的。如果我们把这样一些物质溶解在水里，那么形成的溶液就会呈现出好看的深绿色。

生　这是为什么呢？

师　锰吸收氧气后，形成了一种新离子的盐，它的钾盐是锰酸钾，化学式是 K_2MnO_4，它的组成方式与硫酸钾（K_2SO_4）相似。这两种盐的晶体形状也相同，也就是说它们异质同形。这种情况，你在学习明矾和铁明矾时已经见过一次了。这种新离子 MnO_4^{2-} 叫锰酸根。

生　您看！溶液变成青蓝色或紫色了，不是绿色！

师　如果将它放置得更久一些，它还会变成紫色呢！现在我们加入少量氯水，它立刻变成了紫红色。

生　这种颜色真好看！难道形成了一种新盐吗？原来的盐发生了什么反应呢？

师　以前很多化学家也觉得这个现象很神奇，因为它可以和变色龙一样变色，所以他们把这种绿盐称为"矿类变色龙"。这个化学反应不难理解，绿色溶液中会有两个钾离子和一个锰酸根离子，当我把氯水加进去，就会发生一种反应，这种反应和亚铁氰化钾溶液和氯水的反应相似。锰酸根把一个负电给了氯，从而变成了一种名叫高锰酸根的新离子——你把方程式写出来看看。

生　$2MnO_4^{2-} + Cl_2 === 2MnO_4^- + 2Cl^-$，这样写对吗？

师　没错，你看，我们又有了两种离子，虽然它们的化学组成相同，但它们带的电荷及其各种性质不同。

生　我还有一点没弄明白，那种绿色溶液为什么会自动变红呢？是和空气中的氧气发生了反应吗？

师　不，主要是因为空气中的碳酸。如果再制备少量绿色溶液，再在里面倒入一些酸，那它就会立刻变红。

生　可以看出来，但它的颜色偏淡褐色。

师　是的，因为锰酸根变成高锰酸根必须要经历氧化反应，我之前是用氯完成这些步骤的。现在你又碰到了一个新例子，即负电荷的减少与氧化反应的意义其实是相同的。如果我只加酸，一部分锰酸根就会将另一部分氧化为高锰酸根，而自身还原成二氧化锰。二氧化锰不能溶解在酸性液体中，所以会变成一种很小的褐色物质沉淀出来，这就是溶液呈现淡褐色的原因，方程式为：$3K_2MnO_4+2H_2SO_4 \Longrightarrow 2KMnO_4+MnO_2+2K_2SO_4+2H_2O$。任何一种酸都会引起这种变化，我们可以写出离子方程式：$3MnO_4^{2-}+4H^+ \Longrightarrow 2MnO_4^-+MnO_2+2H_2O$。你看，这个反应需要消耗氢离子，因此你也可以知道，为什么这个反应只发生在酸性溶液中了。

生　那离子右上角的减号和加号怎样计算呢？

师　加号代表阳离子的正电荷，减号则代表阴离子的负电荷。如果写出任何一种溶液里的所有离子，那么方程式左右两边的加号和减号一定相等，因为所有电荷加在一起应该等于零，不然溶液就会带电了。我们为了便于书写，我们可以将没有变化的离子去掉，使方程式两边剩下的加号或减号数量恰好相等就可以了。在最后那个方程式里，左边一共有 6 个减号和 4 个加号，所以它们之间相差两个减号，同时在右边也只有两个减号而没有加号，所以能看出来这个方程式是正确的。

生　我总算把这些知识弄懂了。

师　那我们可以继续讲高锰酸根了。高锰酸根可以和钾形成一种盐，在所有高锰酸盐中，这种盐是最有名的，它叫高锰酸钾。你看，我这里有一些。

生　它有金属光泽。

师 是的，如果我把高锰酸钾撒在水里，你就会看到水里出现了深红色的线条。如果再搅拌一下，水就完全变红了。高锰酸钾是一种很强的氧化剂，如果加少量亚硫酸进去，那么液体颜色就会全部褪去，因为高锰酸根会变成一种无色的二价锰根。少量的高锰酸盐的浓溶液就可以把皮肤或其他有机物染成褐色，这时它就使这些物质氧化，而自己还原成不溶的二氧化锰，吸附在那些物质上，所以我们可以用高锰酸钾来消毒和漂白。而那些褐色的沉淀物二氧化锰可以用二氧化硫去除，你把方程式写出来看一下。

生 $MnO_2+SO_2 \rightleftharpoons MnSO_4$，生成了硫酸锰，对吗？

师 大体上没问题。这张纸是我以前用高锰酸钾浸湿过的，我再用水将它洗干净，你看，它变成了褐色。如果用玻璃棒蘸上亚硫酸溶液在上面画一下，就会出现白色线条。实验室里，我们经常利用高锰酸钾的氧化反应对二价铁离子做定量分析，方程式是 $10FeSO_4+2KMnO_4+8H_2SO_4 \rightleftharpoons 5Fe_2(SO_4)_3+K_2SO_4+2MnSO_4+8H_2O$，你试着写出离子方程式。

生 我不知道该怎么写。

师 你只要看看方程式里有哪几种离子，再把方程式两边都有的离子或那些不变化的离子从方程式中去掉就可以了。你先把所有盐和酸都拆成离子式。

生 $10Fe^{2+}+10SO_4^{2-}+2K^++2MnO_4^-+16H^++8SO_4^{2-} \rightleftharpoons 10Fe^{3+}+15SO_4^{2-}+2K^++SO_4^{2-}+2Mn^{2+}+2SO_4^{2-}+8H_2O$，我可以去掉很多项呢，最后得到的结果是 $10Fe^{2+}+2MnO_4^-+16H^+ \rightleftharpoons 10Fe^{3+}+2Mn^{2+}+8H_2O$。

师 还可以除以 2 呢！

生 对啊，那我就可以得到 $5Fe^{2+}+MnO_4^-+8H^+ \rightleftharpoons 5Fe^{3+}+Mn^{2+}+4H_2O$，这样就简单多了。

师 而且更容易看懂。我们可以看出来，在 8 个氢离子的影响下，5 个二价铁离子可以被一个高锰酸根氧化成 5 个三价铁离子，同时生成锰酸根和水。现在我把这个实验做给你看，如果把高锰酸钾溶液倒入含有硫酸的硫酸亚铁溶液中，那么红色就会在搅拌的过程中立刻消失，这种情况持续一段时间后，溶液就会因为加了几滴高锰酸钾而立刻变红。真正做定量分析时，当然是使用预先测好的溶液，然后让高锰酸钾溶液从滴管里滴出。你记住，在这个实验中，我们不能用橡皮管，因为高锰酸钾会侵蚀橡皮管，我们必须用有管塞的滴管。通过这种方法，我们可以快速而准确地给二价铁盐定量。

生 如果它已经变成了三价铁盐，那该怎么办呢？

师 我们可以用还原剂将它还原。没用完的还原剂很容易失效，所以我们一般用金属锌来做还原剂。

第六十一课 | 铬

师 现在我给你看一种新的金属——铬，它和铁、锰有密切关系。就它的化合物的性质来看，它排在铁和锰之后。铬的颜色很白，光泽鲜亮，质地特别坚硬，而且它很难熔解，将它放在空气中也不会发生反应。铬由大晶体构成，它很容易沿结晶面裂开。

生 我还是第一次见到这种东西呢！

师 我们认识铬的时间也不久，因为它的熔点很高，所以人们以前无法把它精炼出来。最近 20 年，我们才学会大规模地用铝炼铬。

生 是怎样炼的呢？

师 把氧化铬和铝粉按照原子量比例混合起来，然后加热，就会发生如下反应：$Cr_2O_3 + 2Al \xrightarrow{\triangle} Al_2O_3 + 2Cr$。如果用量足够，那么铬和氧化铝就会在高温中熔化，这样就可以形成能凝结为粗晶体的大块金属铬。铬可以增强钢的硬度，我们不会直接使用金属铬，因为它很脆。铬在空气中或水中可以保持光泽，另外它会溶解在酸中，特别是盐酸和硫酸，并且放出氢气。你看！

生 溶液变蓝了。

师 这是二价铬离子的颜色，这种二价铬离子类似于二价铁离子和二价锰离子，但它的盐不如二价铁盐稳定，它在空气中会很快氧化，所以它是一种性质很强的还原剂。你看，液体现在已经由蓝变绿了，因为二价铬离子正在转变为三价铬离子。

生 德语中的 o 和 i 指的是二价离子和三价离子吗？

师 我们不仅要区分二价和三价，以后还要学会区分其他价的金属离子。物质大多只有两种化合价，德语中的 o 表示较高的化合价，i 则表示较低的化合价。三价铬盐的性质和铝盐、铁盐（三价铁盐）很相似。三价铬离子也可以和铁、铝一样，形成一种名叫铬明矾的物质——这里有一些铬明矾晶体。

生 它是天然晶体吗？它的形状很有规则，感觉像人造的。

师 铬明矾很容易形成规则的大晶体，它的晶体形状和其他明矾是相同的。在它结晶时，如果不注意，它就会结成不完全规则的晶体。因为它位于结晶皿底部的那一面不能完美结晶，会变得和结晶皿底部一样平整。如果将一颗小晶体挂在一根细线上，然后把它放入溶液中，使它朝着各个方向结晶，那么我们就能得到规则的晶体了。当然了，我们也可以翻动晶体，使它们在结晶的过程中变得更加规则。

生 我很想做这个实验，您可以教教我吗？

师 虽然铬明矾不贵，但你也可以用普通的明矾来做这个实验。你先把中等分量的铬明矾溶解在水里，水的体积是它的五倍，同时你需要稍稍将水加热，然后将这些溶液静置一晚，这样就能析出少量的规则晶体。你可以把这些溶液放在干净的玻璃杯中过滤，挑出其中最大、最有规则的一颗晶体，再放回溶液中，用纸盖住玻璃杯，放在一个温度稳定而安静的地方。随着溶液中的水分慢慢蒸发，那颗晶体也会逐渐变大。如果还有其他晶体在溶液中析出，那你就把那颗最大的晶体取出来，放在一个干净的玻璃杯中，然后将溶液过滤一下，但别忘了经常翻动晶体，这样它才会长得比较均匀。

生　我一定要试一下。

师　做这个实验需要耐心。铬明矾是三价铬盐中最常用的，使用铬明矾后，胶状物不会溶解在水中。至于它的这一特性和什么有关，我就不细说了，因为这种物质属于有机化学范畴，它的主要原理是胶可以和氢氧化铬形成化合物。

生　我还不认识氢氧化铬呢！

师　你马上就能看到了。我在铬明矾溶液中加入少量氢氧化钠，最终形成的灰绿色沉淀就是氢氧化铬，它可以溶解在很多氢氧化钠溶液中而使液体呈现碧绿色。

生　发生了什么反应呢？

师　和氢氧化铝在同种状况下所发生的反应（第五十六课）相似。氢氧化铬具有弱酸的性质，其中含有的氢可以被金属替代。不过这种溶液很不稳定，只要一受热就会沉淀出氢氧化铬。

生　您为什么总是把试管从火上移开呢？

师　如果不这样，试管里的液体就会溢出来。碱性液体放在玻璃容器里加热，很容易黏附在玻璃上，所以液体形成蒸气前很容易过热而溢出来。你看，就是我和你说话这会儿，液体就溢出来了。你可以用稀醋酸处理书上的污渍，这样氢氧化钠就会变成没有腐蚀性的醋酸钠了。

生　这种沉淀的绿色很好看。

师　氢氧化铬是一种颜料，我们可以用不同方法制备不同的绿色颜料，这些绿色颜料保质期很久，放在空气中或阳光下也不会发生变化，所以它们对于艺术类书籍很有价值。自然界中的氧化铬可以和氧化亚铁化合生成铬铁矿，其他的铬化合物都是通过它来制造的。铬铁矿的组成和磁铁相似，不同的是，它只是由三价铬代替了三价铁。两者的晶体形状也相同，所以是异质同形的物质。

生　铬明矾和铁明矾也是异质同形的物质，那是不是所有铬和铁的化合物都有类似的现象呢？

师　虽然不全是，但大部分铬和铁的化合物都有相似的情况，所以我们在广义上将铬和铁视为异质同形，这也表示它们和其他元素构成的化合物多半含有相同的晶体形状。但最重要的是，铬化合物并不属于三价铬这一类，而属于铬酸或铬酸根一类。我按照以前做的关于锰的实验，让少量铬化合物和碳酸钠或碳酸钾以及少量硝酸钾一起熔化。

生　以前颜色会变绿，现在变黄了。

师　铬酸盐及其水溶液本身都是黄色的，如果我加些酸进去，那么溶液就会由黄色变成橙色。

生　这种情况有点儿像"矿类变色龙"。

师　那可不一样，我给你看一下铬酸钾，它是一种黄色盐，化学式是 K_2CrO_4，和硫酸钾和锰酸钾类似，它们的晶体形状也相同。如果我把干燥的铬酸钾放在试管中加热，那么它就会变成鲜红色，冷却后又重新变黄。

生　加热时会发生什么反应呢？

师　发生的都是常见反应。一种物质吸收了蓝、紫光后，就会呈现黄色。我们加热铬酸钾后，被它吸收的光线范围会逐渐移向绿光，所以它的颜色才会改变。一种物质的体积和性质也会随温度变化而变化，它吸收光线的本领也是如此。铬酸钾很容易溶解在水中，形成一种鲜明的黄色溶液。你还记得检验硫酸根的试剂吗？

生　是钡离子，硫酸根可以和它形成白色沉淀。

师　如果我把氯化钡加入这个黄色溶液，就会生成一种沉淀，但它不是白色的，而是鲜明的黄色。铬酸钡和硫酸钡一样难溶，不过你看，它可以溶于盐酸，而硫酸钡不能溶于盐酸。

生 溶液又变成橙色了。

师 因为又形成了一种新离子。如果我们把一种酸加在铬酸钾中，令它结晶，那就可以得到这种红色的盐。其粉末的颜色不是硫黄色，而与它的溶液一样，是橙色。分析结果显示，这种盐是 $K_2Cr_2O_7$，所以它是重铬酸根（$Cr_2O_7^{2-}$）的盐，这种盐叫作重铬酸钾。

生 它是铬酸钾通过什么反应生成的呢？

师 这个问题你应该自己回答，你写一下硫酸和铬酸钾的反应方程式。

生 $2K_2CrO_4+H_2SO_4 \rightleftharpoons K_2SO_4+K_2Cr_2O_7+H_2O$，还生成了水呢！

师 我解释之前，还要让你看一个实验。如果我们把浓硫酸加入重铬酸钾溶液，就会形成一种非常鲜明的红色沉淀，它就是三氧化铬（CrO_3），也叫铬酸酐。

生 是不是和硫酸很像？SO_3 是硫酸酐，H_2SO_4 是硫酸，那 H_2CrO_4 一定就是铬酸了，对吗？

师 你回答得很好！但是我们还不了解这种酸，根据铬酸钾的组成来分析，我们可以得出硫酸根和铬酸根一定存在。不过，我们每次制铬酸时只能得到铬酸酐，情况和亚硫酸、碳酸很相似。这里有很多铬酸酐，都是深红色且有光泽的针状晶体。

生 那红色的盐是什么呢？

师 我们可以将重铬酸根看成铬酸根和铬酸酐的化合物：$CrO_4^{2-}+CrO_3 \rightleftharpoons Cr_2O_7^{2-}$，铬酸根和铬酸接触的时候都会形成这种物质，我们可以写出相应的离子反应方程式：$2CrO_4^{2-}+2H^+ \rightleftharpoons Cr_2O_7^{2-}+H_2O$。

生 如果我们把碱加到溶液里呢？

师 那就会重新生成铬酸根，因为重铬酸根和氢氧根生成了铬酸根和水，你把方程式写出来看看。

生 $Cr_2O_7^{2-}+2OH^- \rightleftharpoons 2CrO_4^{2-}+H_2O$，这个方程式真奇怪。

师 我们来做做这个实验，这是红黄色的重铬酸钾溶液，我在其中加入少量氢氧化钠或氨气。

生 液体又变成淡黄色了。

师 是的，关于铬，我要说的就是这些了，不过我还要通过实验演示关于它的一个反应，这样你就可以了解它在工业中的意义。我们把胶、颜料和铬酸钾的混合物涂在纸上，再放在阴凉处晾干。现在我让它一半夹在书中，一半露在外面，以便能晒到阳光。几分钟后，我再把这张纸从书中拿出来，然后用温水洗一洗，到时候我们就会发现，只有夹在书中的那一部分胶会溶解，而被太阳晒到的那部分不会溶解。如果我们把照片放在这种纸上，然后将它们放在阳光下曝晒，这样就可以在纸上印出照片。

生 这么神奇呀！到底是发生了什么反应呢？

师 三价铬盐和铝盐一样，不会使胶类溶解。阳光下，胶和其他很多有机物可以影响铬酸盐，使其失去氧而生成氧化铬，而氧化铬和胶类物质混合后就变得不易溶解了。树胶和胶的性质类似，所以我们可以用涂了颜料、树胶和铬酸钾的纸来印照片，我们将这种照片称作树胶照片。

生 我想做这个实验！

师 这个实验很简单，而且这种纸上所用的材料可以随便组合。你可以用很好看的羽状叶片或其他形状的东西放在涂好材料的纸上，再把纸和叶片一起夹在两块玻璃板之间，最后将它放在阳光下晒几分钟。如果放在阴凉处，时间要延长至 15 分钟到半个小时。如果是冬季，时间会更长。

生 我必须在黑暗的地方才可以制造这种纸吗？

师 不是的，你在灯光下也可以制造，但是你要把制好的纸放在一个黑暗的地方，让它干燥。这种纸稍微晒一下阳光是没有关系的，但不能晒得太久，否则整个涂层就无法溶解了。

第六十二课 | 钴与镍

师 今天我要讲的是一种化学性质和铬相反的金属，它和铁比较接近。铬的化学性质接近锰，铬最重要且最稳定的化合物都是由铬酸形成的，我们今天要讲的这种金属不是这样。我先给你看一块金属钴，你能观察出哪些特点呢？

生 它是一种带点儿灰色的金属，颜色比铁鲜明，看上去是一种又坚硬又有韧性的物质，其他特点我就看不出来了。

师 很好！实际上钴在空气中是很稳定的，它不容易熔化，但它的熔点低于铬、铁、锰。钴本身没什么用途，它在酸中只会慢慢溶解，释放氢气，除了硝酸之外。你还记得为什么这类金属在硝酸中更容易溶解吗？

生 记得，因为氢气还没释放出来就和硝酸中的氧发生了反应。

师 没错！所以这些反应释放出来的物质不是氧气而是氮的低级氧化物。你看，钴在受热的稀硝酸里更易溶解，而且溶液是红色的。

生 是的，形成了硝酸钴[①]，它的溶液中含有二价钴根（Co^{2+}）。所有钴

---

① 硝酸钴的化学式为 $Co(NO_3)_2 \cdot 6H_2O$。

盐溶于稀溶液中都会呈现出相同的颜色。相反，如果溶于浓溶液，因为钴盐不会完全分解为离子，所以溶液会呈现不一样的颜色，尤其是青色，这种颜色来自于还没分解的钴化合物。硝酸钴是我们最熟悉且最常用的钴盐，此外还有含六个结晶水的二氯化钴（$CoCl_2 \cdot 6H_2O$）和含有七个结晶水的硫酸钴（$CoSO_4 \cdot 7H_2O$）。这些盐类含有结晶水时是红色的，但很多失去结晶水后就会变成蓝色的化合物。

生　我记得我用过一种名叫钴蓝的颜料。

师　是的，那是钴和氧化铝形成的化合物。氧化钴也可以将玻璃染成蓝色，制造蓝色的玻璃器具就是用氧化钴来染色的。

生　我前不久就看到了蓝色玻璃！那天晚上黑漆漆的，我看到远处的一辆马车上出现了红光，当马车靠近时，光又变成了蓝色，原来是车灯上装着一块蓝色玻璃！

师　那就是钴玻璃。如果分析透过这块玻璃的光束，我们就会发现除了蓝光，红光也可以穿透过去，所以这种玻璃有时候看起来是紫色的。红光的波长大于蓝光，所以在有雾的情况下，从远处看到的灯光就是红色的。你在远处看到红光可能是因为马车的灯光比较暗，所以红光比较显眼，而当马车靠近时，蓝光会变得很强，而红光则会完全消失。

生　也许就是这个原因，因为我后来再也没见过这个现象了。

师　等你有机会了可以再注意一下。现在我要给你做一个实验，在这个实验中，钴盐会由红变蓝，这种现象曾让很多化学家惊讶不已。我用氯化钴溶液在纸上画几条线，这时候不能用钢笔，因为钢笔笔尖含有铁，会使氯化钴分解。氯化钴溶液的颜色很淡，所以这些线条干了之后是看不见的。现在，我们小心地烘热这张纸。

生　那些线条变成了蓝色，太有趣了！

师　我还想让你认识一下氢氧化钴，你知道它是怎样制造的吗？

生　把氢氧化钾或氢氧化钠加在钴盐溶液中，如果它不溶解，那么氢氧化钴就会沉淀出来。您看，已经生成沉淀了，这种沉淀是蓝灰色的。

师　到目前为止，关于钴的实验，我们差不多都做完了，但这并不能说明它不会形成其他化合物，这些化合物的性质大多都很复杂，如果我要将它们的情况全部讲给你听，那会花费很多时间。

生　钴不会形成含氧更多的氧化物吗？

师　钴可以形成一种类似氧化铁的不稳定的氧化钴和一种类似磁铁的比较稳定的四氧化三钴，后者是一种黑色粉末，可以用作瓷器的颜料。

生　用来做黑色颜料吗？

师　不是，是蓝色颜料。四氧化三钴和釉里面的硅酸盐一起熔化后，就会形成蓝色的透明物质。除了钴，我们今天还要认识镍。

生　硬币是用镍做成的，所以又叫镍币，对吗？

师　没错。镍是一种用途非常广泛的金属，它具有银色的金属光泽和较大的硬度，而且不易被锈蚀和氧化。我们可以直接使用镍，或者将镍镀在其他金属的表面。

生　是的，我见过很多镀镍的东西，比如自行车的某些零件。那书上所说的"伽尔瓦尼电镀法"是什么意思呢？

师　就是用电解法将某种金属镀在另一种金属上。

生　为什么不直接叫"电镀法"呢？

师　伽尔瓦尼是一个人的名字，他最早发现了金属和溶液接触后会产生电现象。在此之前，人们只知道有两种电，一种是摩擦时所产生的静电，另一种是天空中的闪电。后来人们就把伽尔瓦尼发现的这种发电方法称为伽尔瓦尼式发电法。不过伽尔瓦尼对这种现象的见解是错误的，后来伏打修正了这一观点，最后在法拉第等人的实验中得到证实。

生　您能再多讲一些吗？

师 很多书上都介绍过了，你将来一定有机会学到的。今天我主要讲的是关于用电解法提炼金属的几个主要知识点。你知道电流是怎样通过电解质的吗？

生 阳离子流向正极，阴离子流向负极。

师 没错，那么电流离开电解质而流向电极的位置时会发生什么呢？

生 离子会在那里停留，因为只有电子可以进入电极中。

师 没错，但是没有电荷的金属离子在本质上相当于普通金属。所以，如果要用一种导电体来吸引金属离子，将它作为阴极，那么金属就会变成一层外衣，在上面析出来，而且通电越久，这层外衣就越厚。如果导电体没有杂质且磨得很光滑，那么这层外衣就可以附着得很牢固。我们可以用这种方法来镀金、镀银、镀铜甚至镀镍。

生 我想亲眼见识一下！

师 等我们讨论铜的时候，我再来做这些实验。电镀法最早应用于镀铜，这种方法不是镀镍的唯一选择，我们也可以把薄镍片包裹在其他金属表面，利用高温使它们结合在一起。除此之外，我们还制造镍与其他金属的合金，比如用镍和铁炼出来的"镍钢"是一种很有价值的合金。镍在稀酸中不会溶解，但它溶于硝酸，这一点和钴是一样的。

生 我来做一下这个实验！它已经溶解了，溶液好像要变绿了。

师 是的，溶液里形成了含有绿色二价镍根（Ni^{2+}）的硝酸镍。从溶液中析出的含有结晶水的固态镍盐也都是绿色的，但它们不是淡绿色的，而是很漂亮的纯绿色。大部分镍盐不含结晶水时是黄色的。这是硫酸镍，用电解法镀镍时常常会用到它。

生 我想试着制备它的氢氧化物。好了，它是淡绿色的。

师 你再用氨气代替氢氧化钠试试。

生 结果应该是一样的——您看，这不就是淡绿色沉淀吗？

师 你再多加一些氨气。

生 难道会有变化吗？啊，溶液变成深蓝色了，沉淀也全部溶解了！这是怎么回事呢？

师 绿色消失了，也就说明二价镍根消失了，它和过量的氨气形成了一种蓝色的新离子，这种离子是 $Ni(NH_3)_4^{2+}$。

生 这是怎么知道的呢？

师 因为我们可以从溶液中得到一种固态盐，这种固态盐的化学式是 $Ni(NH_3)_4SO_4$。这种化合物没有特别的作用，但是它常常形成于氨气与重金属离子的化学反应中，所以我才说出来让你了解一下。最后还要告诉你的是，镍很难形成比氧化亚镍含氧更多的氧化物，但这种氧化物的性质不如氧化钴稳定，所以镍的性质很像某些二价元素的性质，比如镁和钙。

第六十三课 | 锌

师 锌是一种很常见的物质，你知道哪些与它有关的知识呢？

生 锌是一种不太坚硬的白色金属，它在潮湿的空气中会逐渐发黑，而且很容易溶解在酸性物质里，从而释放氢气。

师 好极了！锌的熔点是 420 摄氏度，远远低于我们之前讨论的那些金属。如果把它放在空气中加强热，它就会燃烧，生成氧化物的同时会发出火光。如果在加热时不通入氧气，它就会在 950 摄氏度时开始沸腾。

生 锌真的可以沸腾吗？

师 当然可以，我们还能测出锌的蒸气密度呢！锌的分子量约为 65，与原子量是相同的，所以锌蒸气的化学式和锌一样，都是 Zn。

生 它和我以前学过的那些元素不同，那些元素的分子量都是原子量的两倍或两倍以上。

师 最早被发现具有这种特性的金属是水银，水银分子是 Hg 而不是 Hg_2 或 Hg_4。直到现在，我们也还是没弄明白这种特性与什么有关。你知道锌的各种用途吗？

生 我们可以用锌来制造浴盆和屋顶。

师 是的，这是因为锌在潮湿的空气中有比较强的抗氧化作用。虽然锌比铁更容易被腐蚀，但锌表面的那层氧化物可以有效地保护其内部，在铁皮表面镀锌就是为了抗氧化。很多器具都是用电镀过锌的铁制造的。

生　电镀与电有关吗？

师　在某种意义上有关。之前我说过，两种不同金属同时与电解质接触时会产生电，甚至形成电流，进一步会发生电解反应，在反应过程中，其中一种金属会被氧化。在锌与铁的例子中，锌会被氧化，所以镀过锌的铁，是不会被水和氧侵蚀的，因为它把这种电蚀作用推到含有较大抵抗力的锌上面去了——这个问题我们以后再来详细讨论吧。锌还能用来制造合金，它可以与铜构成黄铜。我再拿一些锌粉给你看看。

生　它完全是灰色的，没有金属光泽。

师　你把它放在研钵里磨一磨，很快就能看到金属光泽了。

生　锌粉是怎样得到的呢？

师　炼锌时就能轻易得到锌粉。锌在高温下很容易挥发，我们不能把它像铁或铜一样放在敞口的炉子里熔化，而应该对它进行蒸馏。蒸馏时，最开始进入冷却器里的那一部分就会凝结成锌粉。等温度升高到420摄氏度以上时，那些细粉才会融为一体，从而构成整块金属。当我们要用表面积较大的金属来做还原剂时，就一定会用到锌粉。如果我们分析某种反应时要用到二价铁离子，那就可以用锌将三价铁离子快速还原为二价铁离子，你以后可以做一下这个实验。将氯化铁溶液与锌粉混合，摇晃几下，颜色就会消失。

生　事后我们可以用亚铁氰化钾来证明所有三价铁离子是否都被还原了。

师　这个想法不错！你大概已经发现了，锌溶于酸性物质中所形成的溶液都是无色的，这种溶液里含有类似二价铁离子、锰根和镁根的无色二价锌根（Zn^{2+}）。我准备在它的盐类中选出锌矾来讲一讲。

生　哈哈，锌矾一定就是硫酸锌！

师 是的，它的化学式是 $ZnSO_4 \cdot 7H_2O$。硫酸锌是一种白色的盐，很容易溶于水，它在医学方面和工业方面的用途都很广泛。此外，我再告诉你另一种易溶于水的锌盐，它就是氯化锌，化学式是 $ZnCl_2$。用这种盐浸泡过的枕木，可以延长使用期限。氯化锌溶液作为除锈剂，可以用于焊接金属。

生 让我来制造一些锌的氢氧化物！这不是吗？它和锌的其他化合物一样，也是白色的。我还有一个小小的发现——它溶解在过量的氢氧化钠中了。

师 你说说，这是为什么呢？

生 氢氧化锌是不是和氢氧化铝、氢氧化铬一样有酸类反应呢？

师 是的，此外，锌盐还能与氨气反应生成氢氧化锌沉淀，然后继续溶解在过量的氨气中。不过这与加进氢氧化钠的情况不一样，而与镍的情况相同——镍的情况是怎样的呢？

生 由二价镍根和氨气生成了一种新的阳离子。如果这里也是这种情况，那么溶液的颜色就会发生变化，但它始终没有颜色，和水一样。

师 生成的重盐也是无色的。我们知道它的固体——氢氧化锌失水后会变成氧化锌（ZnO）。锌在空气中燃烧可以生成氧化锌，氧化锌是一种白色粉末，可以用来制造颜料。现在，我们还要讨论一下硫化锌，你还记得它吗？

生 记得，它是一种白色沉淀。

师 是的，在多数我们熟知的重金属中，只有锌能生成白色硫化物，所以我们很容易将它辨别出来。锌矿的主要成分就是硫化锌，这种矿叫作闪锌矿。我这里有几块闪锌矿。

生 但它们不是白色的，而是黄色或褐色的。

师 因为其中含有杂质，少量的铁就可以完全掩盖硫化锌的白色。要从硫化锌里提炼锌，必须通过煅烧，你还记得煅烧的定义吗？

生　记得，煅烧就是高温加热。

师　不仅要高温加热，同时还要通入空气。煅烧就是物质在高温下氧化，这时会发生什么现象呢？

生　硫黄会燃烧生成二氧化硫，而金属会生成氧化物。

师　没错，你把煅烧硫化锌的方程式写出来。

生　锌需要一个氧原子，硫需要两个氧原子，一共是三个氧原子，所以是 $ZnS+3O =\!=\!= ZnO+SO_2\uparrow$。我记得您说过，硫酸就是用二氧化硫制造的。

师　是的，因为成本比较低，而且我们要减少二氧化硫的排放，因为它会污染空气。除了闪锌矿，碳酸锌也存在于自然界中，以碳酸锌为主要成分的矿石名叫亚铅矿，也是一种炼锌原料。你猜猜，我们怎样制造碳酸锌呢？

生　可以用氢氧化锌和二氧化碳来制造吗？

师　不行，因为氢氧化锌是一种很弱的碱，它不容易与二氧化碳化合。我们可以通过哪一点米鉴定一种弱碱呢？

生　如果它的盐具有酸性反应，那它一定是被水分解了，所以它一定是一种弱碱。

师　没错，待会儿你可以用石蕊检测一下。我们可以把溶液里的锌离子和碳酸根离子汇合，生成碳酸锌，因为碳酸锌与所有重金属碳酸盐一样不溶于水，所以它们的离子和碳酸根结合时就生成了沉淀。

生　是不是总会有这种不溶盐析出呢？

师　我说过，中性盐总是这样的。在含有各种不同离子的溶液里，只有溶解度最小的盐会析出，前提是它的量超过了饱和溶液中所能容下的量。我们现在把含有锌离子的硫酸锌溶液和含有碳酸根离子的碳酸钠混合起来。

生　生成了白色沉淀。

师　这就是碳酸锌，不过它与碳酸镁相似，一部分会水解，所以这些沉淀物并不全是碳酸锌，而是碳酸锌与氢氧化锌的混合物。你结合一下碳酸钙的例子，想一想怎样用碳酸锌制成氧化锌。

生　是不是按照方程式 $ZnCO_3 \stackrel{\triangle}{=\!=\!=} ZnO + CO_2 \uparrow$，只要加热就行了呢？

师　没错。这里有一些碳酸锌，我把它们放在小坩埚里加热。

生　粉末变黄了，这不是氧化锌吧？

师　我移开酒精灯，你再看看粉末。

生　看不出什么特别的现象……不，它的颜色好像变淡了。现在完全变白了。

师　冷的氧化锌是白色的，烧热的氧化锌是黄色的。现在你已经知道用天然的碳酸锌制造氧化锌的方法了，最后我还想告诉你：我们常用锌做湿电池，也就是说，我们可以用化学能发电。具体的内容，我留到以后再说。

第六十四课 | 铜（一）

师 今天我要讲的是铜。铜大概是人类最早认识的金属之一，自然界中有很多铜的化合物和少量铜单质，这与铜介于贵金属与非贵金属之间有很大的关系。

生 既然它的产量很大，那它为什么是贵金属呢？

师 铜并不是贵金属。产量稀少与否并不是衡量贵金属的标准，贵金属的标准是由它们抵抗空气和水的能力决定的。从化学角度来讲，"贵"指的是"不容易生成化合物"。

生 确实金贵！

师 这不是它们愿不愿意的问题，而是它们能不能的问题。空气中的氧含量是一定的，而且地球的温度比较稳定，所以在这种情况下，各种金属表现出来的性质也会有所不同。如果在温度高达 6000 摄氏度的太阳上面存在某些未知金属，那它们才配被称作贵金属呢！

生 比如有哪些金属呢？

师 我说了未知呀！铜不是贵金属，因为它受热或遇到湿空气时会氧化。但在正常情况下，它的氧化反应很缓慢，而且当它表面生成氧化物后，氧化反应就会完全停止，所以铜可以把自己保护得很好。人们常常将铜用于重要建筑物的屋顶上，比如教堂，我们可以通过那上面的绿色物质看出来。

生　那种绿色物质是什么呢？

师　主要是一种碱性碳酸盐，我们以后还会提到它的。铜还能抵抗海水的侵蚀，所以人们把它包在轮船外面。你知道，我们之所以用铜来做硬币，正是因为它的化学性质比较稳定。我们很少看到铜本身的颜色，因为它的表面常常覆盖着一层薄薄的氧化物，但是当这层氧化物溶解时，我们就能看到铜本身的颜色。你看这里！

生　这并不是铜红色，而是玫瑰色呀！

师　我们平时所说的铜红色，并不是纯铜的颜色，而是铜氧化后的颜色。铜的熔点是 1083 摄氏度，虽然它的质地不硬，但还算有韧性。铜有一种与电相关的特性——它是最好的导电体之一，所以可用来制造电线。

生　电线到底是一种什么样的东西呢？

师　你知道，电可以被金属传导到任何地方，但是需要"交税"才行。电能被传到导电体末端的过程中会有所损耗，总有一部分电能会被导电体"扣下"，从而转变成热能。导电体越粗，被"扣留"的电能就越少，不过这也和导电体的性质有关，比如铁制导电体必须比铜制导电体粗七倍，同等电流从其中通过时才会损耗相同，也就是说，铜的导电性比铁强七倍。

生　难道世界上没有完全没有损耗的导电体吗？

师　没有。金属的温度越低，导电性就越好。现在，我们要讨论铜的其他性质了。这是一种银盐溶液，我把一小块铜放进去，你看见什么现象了？

生　铜的四周生成了灰色的海绵状物质，而液体变绿了。

师 银盐转变成了相应的铜盐，所以液体变绿了，而灰色海绵状物质就是金属银。我倒出一部分溶液，再加入少量的锌。

生 析出了一些黑色物质，溶液变成无色的了。

师 铜现在又被锌赶出来了。我们写出下列两个方程式：

$$2AgNO_3+Cu \xrightarrow{\quad} Cu(NO_3)_2+2Ag;$$

$$Cu(NO_3)_2+Zn \xrightarrow{\quad} Zn(NO_3)_2+Cu。$$

你看，硝酸根在这两个反应里都没有变化，它存在的意义是使金属的阳离子能够存在，所以我们也可以这样表示这两种反应：

$$2Ag^++Cu \xrightarrow{\quad} Cu^{2+}+2Ag;$$

$$Cu^{2+}+Zn \xrightarrow{\quad} Zn^{2+}+Cu。$$

生 看起来好像是不同的金属以大小不同的力量在拉那个加号，谁的力量强，谁就能把加号从其他金属那里夺走。

师 没错，在这种情况下，化学反应完全朝着一个方向进行。加号是代表正电荷的，所以也可以说金属和正电荷结合的本领是不同的。我们能按照次序把一切金属排成队，前面的金属比后面的金属强，它们能把后面的金属从它的盐里赶出去。如果金属 A 可以赶走金属 B，金属 B 可以赶走金属 C，那么金属 A 也可以赶走金属 C，我们将这种规律称为电位次序，因为它是由金属间的电动力来表示的。当我们把金属同时放在一种溶液中的时候，就能观察出这种电动力，伽尔瓦尼电池和伏打电池的原理就是据此而来的。

生 您能讲一讲这种电池吗？

师 当然可以！我先装一个丹尼尔电池——这种电池是一个名叫丹尼尔的英国人发明的，然后把硫酸锌溶液倒入一只玻璃杯，再把一个没有上釉的瓷圆筒放在硫酸锌溶液里。这个圆筒虽然可以让溶液通过，但它隔在中间可以在一定程度上阻止溶液混合。现在，我把硫酸铜溶液倒入圆筒，然后将一块锌片插在硫酸锌溶液里，同时将一块铜片插入硫酸铜溶液。锌片和一根锌丝连在一起，铜片和一根铜丝连在一起。如果我把这两根细丝和电流计上的接线螺旋连起来，电流计的指针就会左右摆动，说明有电流通过了仪器。电池通电后不久，你就会发现有一部分锌片溶解了，而铜片上多了一层淡红色的新铜。这与我们把锌放在一种铜盐溶液里发生的化学反应完全相同，一端会有锌溶解，而另一端则会析出等量的铜。

生　这我明白，我不明白的是，为什么湿电池里会产生电流，而平时用锌把铜从溶液中赶走却不会产生电流呢？

师　那是因为锌在湿电池里没有和硫酸铜接触。

生　我明白了，那铜到底怎样才能析出呢？

师　也要借助电流才能析出。我猜你还没理解，那我就用一张图（图 70）来解释一下吧！金属锌很容易变成锌离子，因为它不仅能使铜盐分解，还能使酸分解。锌变为锌离子时必须吸收正电荷，所以它取走了与之

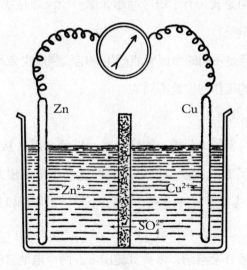

图 70

相连的导电体中的电。导电体为了补充失去的电，只能借助于铜片，也就是取走铜离子的正电荷。这样一来，硫酸锌那里的阴离子越来越多，而硫酸铜那里的阴离子则越来越少，于是硫酸铜中的硫酸根就会通过磁圆筒移动到硫酸锌那里，以便达到平衡。现在，电的关系和化学关系又都调整了，所以反应又可以照着我刚才所说的那样重来一遍。结果是：一方面在电池或电线中形成了一种方向从铜到锌的连续电流，另一方面锌不断溶解，铜不断析出。只要锌片和铜片由导电体连接，在锌离子或铜离子消耗完之前，反应会一直持续下去。

生 也就是说，锌必须利用电流才能使铜沉淀出来，所以才会产生电。

师 没错，这就好比你把空气压到气枪里，空气想膨胀，但是没有空间了，所以它只好把子弹喷出来。伏打电池是一种利用化学能制造电能的机器，它的"宗旨"就是使化学能"一心一意"地投入发电工作中。正因为这样，我们必须把锌和铜的溶液隔开，只用一种导电体把它们连接起来。

生 我明白了，但是我又有了很多问题，第一个问题是我们能用其他金属来代替锌和铜吗？

师 当然可以，但是不同的金属所能产生的电流强度也会不同，也就是说，它们能完成的工作程度是不同的。

生 这与什么有关呢？

师 我们用以前的例子来分析。如果金属A能使金属B从它的盐类里沉淀出来，而金属B又能使金属C从它的盐类里沉淀出来，那么A也能使C从它的盐类里沉淀出来。我们先让一个由A和B组合而成的湿电池来工作，这时A会溶解，B会沉淀出来。我们再用B和C组成一个电池，这时B会溶解，C会沉淀出来。两个电池合起来就等于C直接被A赶出来了，因为B起初溶解在溶液里，后来沉淀出来了，最后又重新溶解了，这就相当于没有发生变化。所以起初两个电池所做的工作，刚好等于电池 AC 所做的工作，也就是说，电池 AC 的电流强度等于由电池 AB 与电池 BC 的电流强度之和。

生　我明白了。

师　一种金属能赶走另一种金属，电池才会工作，如果你把同一种金属放在同一种溶液里，电流就无法产生了。

生　这样看来，用金属与它们的盐类也可以做成电池。我们还有其他制造电池的方法吗?

师　有，锌的溶解就像一种氧化反应，铜的析出就像一种还原反应，所以我们也可以用一个多孔容器把任何一种氧化剂和还原剂连接起来，从而制成电池。好了，再说下去就离题太远了，今天我们就讲到这里吧!

第六十五课 | 铜（二）

师 过去为了方便讲述，我把铜的二价离子称作铜离子，但现在我要告诉你：铜有两种离子形式，除了你知道的二价铜离子，还有一价铜离子，很多人都不知道一价铜离子的存在。

生 所以这和铁、铬的情况不一样，因为这两种元素除了二价离子之外，还可以生成三价离子。

师 以后你还会遇到其他情况，因为有些元素可以生成二价离子和四价离子或一价离子和三价离子。在二价铜盐中，你已经认识五水硫酸铜了，这种蓝色晶体是最有名的铜盐，又叫蓝矾。蓝矾曾被大量用在伏打电池里。现在，我们要用电解法使铜从蓝矾溶液里沉淀出来。

生 也就是说，我们要使铜离子随着电流去往铜应该沉淀下来的地方，以便电流在闭合电路中流过去。

师 没错，由此我们可以看出，能够使铜附着在上面的物体必须能导电，如果它本身不能导电，就必须在它表面涂一层导电体，比如石墨。

生 这种实验一定很有趣。

师 而且做起来很简单。我先做一个实验，把最关键的几点告诉你，你以后也可以用其他东西来做实验。我把接了金属线的一片铂和一片铜浸在硫酸铜溶液里，然后将铂片与你用旧的干电池的锌极连接起来……

生　这个电池怕是不能用了，它快没电了。

师　我想，我要的那一点儿电，它还是可以提供的。现在，我把铜片与电池上的另一个电极连接起来，然后把铂片和铜片一起浸在溶液里，并使它们不会互相接触。现在有电流了，它把铜离子送到铂片上，出现了铜沉淀，而硫酸根却去了相反的方向，到了铜片那里。你想一想，它与铜会发生什么反应呢？

生　它们可以互相化合，重新生成硫酸铜。

师　没错，有多少铜在铂片上析出，就有多少新的铜在阳极上溶解，所以溶液里的硫酸铜含量不变，而电流唯一的工作就是把金属从阳极送到阴极，这也是我用电量很弱的旧电池的缘故。现在我把铂片拿出来。

生　很明显，光滑的铂片上多了一层红色的铜。

师　我们可以用这个方法使铜沉淀在任何物体上面，我们先用石膏做的硬币模型试试看。在这之前，我们需要在硬币模型上面涂一层漆，使铜溶液无法进入，再在漆的外面涂一层石墨，然后用一根铜丝缠住它，铜丝必须与石墨相互接触。至于后面的步骤，你照着你刚才看见的情况去做就行了。

生　这与丹尼尔电池里的情况有什么不一样呢？在丹尼尔电池里，我可以直接让化学能变成电能，而现在要用它来镀铜，这是为什么呢？

师　这两种情况是有联系的，你得把锌和铜盐溶液分开，才能得到电流。正因为这样，铜不会直接沉淀在锌上面，而是沉淀在阴极上面（当锌与硫酸铜直接接触时，铜才会沉淀在锌上面）。这个方法不仅能用于电镀，还能用于铜的精炼。我们用熔化法炼成不纯的铜后，就把它们压成铜片，与薄薄的纯铜片相对放在铜的溶液里，然后通电。通电时必须让不纯的铜溶解，换句话说，就是要用它作为阳极才行。这样的话，铜片上就会有非常纯的铜沉淀出来。那些杂质不会溶解，即使溶解了，也不会在阳极上析出。这种精炼工作很重要，即使杂质很少，也会降低铜的导电性。在其余的二价铜盐中，我还要让你认识氯化铜，它不含结晶水时是一种黄褐色粉末，含两个结晶水时是一种蓝绿色晶体，但因为晶体中含有母液，所以一般是绿色的。氯化铜的浓溶液是绿色的，稀溶液则是蓝色的。

生　这之间有什么关系呢？

师　氯化铜在浓溶液里是不完全分离的，所以除了二价铜离子的蓝色，它还会表现出没分离的氯化铜的黄色。而当溶液被稀释时，后者就会渐渐变为离子，因此就变得更蓝了。接下来我要给你看看氢氧化铜，我往硫酸铜溶液中倒入一些氢氧化钠溶液，你看，析出了一种淡蓝色沉淀，这就是氢氧化铜。如果我把溶液与沉淀物一起放在火上加热……

生　完全变成黑色了，这是为什么呢？

师　它变成了氧化铜：$Cu(OH)_2 \stackrel{\triangle}{=\!=\!=} CuO + H_2O\uparrow$。铜在空气中燃烧，也可以生成氧化铜。这里有一块光滑的铜片，我把它放在火焰上烧一下。

生　这颜色真好看！

师　这种颜色是由铜本身的红色转变而来的。氧化铜和氢氧化铜在过剩的氢氧化钠里不能溶解，所以后者是没有酸类反应的，但它能在氨水中溶解，你试试看。

生　溶液颜色变得很深，差不多是黑色了。

师　如果你稀释溶液，就会看出它是透明的，蓝得就像美丽的矢车菊，它就是铜氨络离子，可以写成 $Cu(NH_3)_4^{2+}$。

生 跟镍的情况很相似，颜色也很接近。

师 现在我再把碳酸钠加到铜溶液里。

生 生成了一种淡绿色的沉淀。

师 那是含有氢氧化铜的碳酸铜。在自然界中，有些化合物的组成与它相似，其中一种名叫孔雀石，它的化学式是 $Cu_2(OH)_2CO_3$。另一种是深蓝色的，它叫蓝铜矿，化学式是 $Cu_3(CO_3)_2(OH)_2$。它们不仅可以被用来炼铜，还可以制成精致的艺术品。我再做一个实验给你看看，我将少量酒石放入硫酸铜溶液里面。

生 酒石是什么东西呀？

师 酒石是一种叫作二羧基丁二酸的钾盐。如果我把氢氧化钠或氢氧化钾加进去，那么氢氧化铜就不会沉淀出来，溶液依旧是清的，但颜色会变成深蓝色，与加进氨水的情况是一样的，这表示又生成了一种新离子。不过你还没有正式学习有机化学，所以我就不告诉你这种新离子是什么了，即使我告诉你，你也无法理解。现在我要用这种溶液做另一个实验，如果把它和少许白糖放在一起加热，那么不会发生任何反应，如果我用蜂蜜代替白糖……

生 液体变浑浊了！现在颜色又变淡了，好像生成了砖红色的沉淀。

师 所以我们可以利用这种蓝色溶液分辨不同的糖类。那红色沉淀是一价铜的氢氧化物，也就是氢氧化亚铜。

生 它是怎么生成的呢？

师 蜂蜜对二价铜的化合物有还原作用，会把二价铜变成一价铜，但后者与酒石不能生成可溶盐，所以氢氧化亚铜就只能沉淀出来了。这里另外有一些氢氧化亚铜，如果将稀硫酸倒在上面，是无法制成硫酸亚铜的。

生 氢氧化亚铜的颜色变得很深了，而溶液变成了蓝绿色，好像有二价铜盐在里面。

师 没错，的确生成一种二价铜盐。反应方程式是 $2CuOH+H_2SO_4 =\!=\!= CuSO_4+Cu+2H_2O$，一价铜变成了二价铜和金属铜。

生 真奇怪，我们以前还没遇到过类似的情况呢！

师 是的，我们也可以这样说：一价铜离子在溶液里不稳定，会变成二价铜离子和铜，方程式是：$2Cu^+ =\!=\!= Cu^{2+}+Cu$。你只要想想之前学过的有关铁的知识（第五十八课），你就能更好地理解这一反应，也就是三价铁离子和铁反应，生成二价铁离子：$2Fe^{3+}+Fe =\!=\!= 3Fe^{2+}$。

生 我明白了，化学反应会随着相应的情况前进或后退，所以两种情况都有可能发生。

师 没错，如果我用盐酸代替硫酸，倒在氢氧化亚铜上面，那么它的颜色就不会变深，而会渐渐变淡，甚至变成白色，生成物是氯化亚铜，化学式是 $CuCl$。这种盐很难溶解，所以在溶液里没有充分的一价铜离子发生 $2Cu^+ =\!=\!= Cu^{2+}+Cu$ 这种反应。反之，我们却能用金属铜把二价铜的化合物变为一价铜的化合物，这种情况跟铁是相似的。我在小烧杯里加入氯化铜和浓盐酸，再加入铜块，加热，液体的颜色先变深，而后变成淡黄色。如果我把它倒在水里，会析出一种雪白的沉淀，这种沉淀就是氯化亚铜。

生 我还不太明白。

师 在盐酸的溶液里发生的反应与铁的相关反应相似：$CuCl_2+Cu =\!=\!= 2CuCl$，因为氯化亚铜生成后，会立刻与盐酸化合，溶解在盐酸里，所以这个反应才有发生的可能。但氯化亚铜与盐酸生成的化合物在水中会分解，氯化亚铜就析出了。还有一种叫作氧化亚铜的缩水物，加热氢氧化亚铜时很容易生成，它存在于自然界中，是一种珍贵的炼铜原料，矿物学家称之为赤铜矿。除此之外，铜在自然界中大都与硫黄及其他金属（主要是铁）化合在一起。铜还可以生成硫化铜和硫化亚铜，这两种物质的组成与氧化铜、氧化亚铜相似。

生 我把硫化氢通到硫酸铜里的时候，好像已经见过硫化铜了，对吗？

师 没错，它是由二价铜的化合物生成的，所以写成 CuS，这个反应对应的方程式是 $CuSO_4+H_2S \rightleftharpoons CuS\downarrow+H_2SO_4$。

第六十六课 | 铅

师 铅是我们最熟悉的金属之一，你知道它的哪些性质呢？

生 铅很重，是一种柔软的蓝灰色金属，几乎没有金属光泽。铅的熔点比较低，而且有毒。

师 很好！铅的密度是 11.34 克每立方厘米，熔点是 330 摄氏度。铅的表面容易生成氧化薄膜，这层氧化物增长得很慢，可以保护铅。现在我把等量的铅屑分别放在两个相同的容器中，再倒入水，不停摇晃，你看到不同的现象了吗？

生 看到啦，其中一杯水看起来更浑浊。

师 没错，这个杯子里最初盛的是蒸馏水，而另一个杯子里盛的是井水。有空气存在时，铅更容易在纯净水中发生氧化反应。井水中含有碳酸盐和硫酸盐，这两种物质可以与铅生成难溶的铅盐，起到保护铅的作用，而铅和纯净水只能生成无法附着在铅上面的氢氧化物。铅的化合物毒性很强，这是我们一定要明白的。铅在电位次序中介于锌和铜之间，换句话说，就是锌可以赶走铅盐中的铅，但另一方面，铅又能使铜从铜盐中沉淀出来。铅盐中含有无色的二价铅离子（Pb^{2+}）。铅在酸类物质中比较稳定。它在电位次序中所占的位置，恰好能使氢气从酸里面跑出来，而它生成的盐类一般都难溶于水。你说说，我们可以用什么物质来溶解铅呢？

生　可以用硝酸来溶解吗？

师　可以，但这种方法有一个缺点。我把浓硝酸倒在一些铅片上面，你瞧，反应很微弱，而且很快就停止了，即使加热也不起作用。只有当我加入很多水的时候再加热，才会开始释放出很多气体，铅才会溶解。

生　这些实验结果总是和我的猜测相反，我本来以为用浓硫酸反应会更强烈，结果却正好相反！

师　所以你一定要养成习惯，在下结论之前要进行多方面的分析。浓硝酸和铅屑反应，首先会生成硝酸铅，但硝酸铅不能溶解在硝酸里面，只能附着在铅的表面，只要我们加水稀释硝酸，硝酸铅就溶解了。

生　可是我并不知道硝酸铅在浓硝酸里面这么难溶。

师　你当然不知道了，某些盐类在特定的酸性溶液中比它们在纯净水中难溶得多。这是硝酸铅的饱和水溶液，如果我加一些硝酸进去，立刻就会生成硝酸铅晶体沉淀。

生　这与什么有关呢？

师　与下面这条定律有关——任何盐类在已经含有其离子之一的溶液里是比较难溶的。这条定律的原理比较深奥，所以我暂时不会告诉你。让我们继续讲铅。二价铅离子（Pb^{2+}）是无色的，它会悄无声息地在人的身体里慢慢积攒起来，最后导致人体患病。二价铅离子的化学性质和钡离子很相似。

生　它也能生成一种难溶的硫酸盐吗？

师　是的，你把稀硫酸加在这些铅溶液里观察一下。

生　瞬间就析出了白色沉淀，好像比硫酸钡更容易沉淀呢！

师　这是因为铅的化合物密度很大。你把盐酸加在另一份铅溶液里看看。

生　也生成了白色沉淀。

师　它不像硫酸铅那样难溶。你把这些沉淀集中起来，用热水浇一浇，它们很快就会溶解。不过，等热水冷却之后，那些沉淀又会变成晶体析出，那是一种富有光泽的长针状晶体。接下来你再将碘化钾和铅溶液混在一起，观察一下反应的现象。

生　析出了黄色沉淀。

师　这种沉淀也更容易溶于热水，所以当溶液冷却时，就会有晶体析出。现在，你把这几种盐的化学式写出来看看，你已经知道它们含有二价铅离子了。

生　硫酸铅是 $PbSO_4$，氯化铅是 $PbCl_2$，碘化铅是 PbI_2。

师　很好！这里还有一种铅盐，因为它是甜的，所以我们叫它铅糖。它是铅的醋酸盐，正式名称是醋酸铅，是最常用的一种铅盐，它比硝酸铅更易溶于水。我把它溶在水里。

生　溶液很浑浊。

师　因为有一部分醋酸铅被空气中的二氧化碳分解了。醋酸是一种弱酸，而碳酸铅是一种性质稳定的盐，所以碳酸能把醋酸赶出去。我把溶液过滤一下，然后通入二氧化碳。

生　有沉淀析出了。

师　那是碳酸铅，化学式是 $PbCO_3$。自然界中含有碳酸铅的矿石名叫白铅矿。如果继续通入二氧化碳，那么并非所有铅都会沉淀，因为生成的醋酸达到一定量时，碳酸铅就被溶解了，不会再产生沉淀。

生　如果我们一开始就加入充足的醋酸，再通入二氧化碳，就得不到沉淀了。

师　非常正确！等会儿你可以自己去做一做这些实验。碳酸铅可以与氢氧化铅反应生成一种颜料，这种颜料就是铅白，经常用于绘画或刷漆工作中。虽然铅白有很多缺点，但我们还是离不开它，因为它的颜色很好看，又有很强的遮盖力，而且能够长时间保存下去。

生 它有什么缺点呢？对了，它有毒！

师 没错，这是它最大的缺点。此外，我们还得了解它的另一种性质。这里有一张涂过铅白的纸，我把它盖在盛有硫化氢水溶液的瓶子上方，我们过一会儿再看看。

生 很快就生成了褐色斑点。啊，我想起来了！硫化氢能和铅盐生成褐色沉淀。

师 这沉淀是硫化铅（PbS），硫化氢与铅白接触，很容易生成硫化铅。蛋或其他含硫有机物腐烂时会生成硫化氢，所以铅白油漆总是有机会变成褐色。锌白没有这个缺点，因为硫化锌也是白色的。

生 那为什么还要用铅白呢？

师 因为锌白的遮盖力不及铅白。铅化合物有很强的折射率，薄薄的一层铅白油漆就可以遮住底下的颜色。当然了，我们最好不要用铅白来做油漆，毕竟它有毒。硫化铅是最重要的铅矿，你看，这就是硫化铅，以硫化铅为主要成分的矿物是方铅矿。

生 它与之前那种沉淀完全不同，因为那种沉淀是褐色的，而这种矿物却是灰色的，而且它的光泽与金属很像。

师 它们的不同之处是：沉淀不是硫化铅晶体，而矿物是硫化铅晶体。前者一旦结晶，就会变得和后者一样。我们通过煅烧方铅矿来得到铅。

生 我知道这个过程！方铅矿放在空气中加热时，硫黄燃烧会生成二氧化硫，而铅会变成氧化铅，然后把氧化铅和碳一起加热熔化，就可以得到铅。

师 还有更好的办法呢！如果刚开始不让硫黄烧完，到后面再把氧化铅和硫化铅一起加热（加热时不能让空气进去），就可以发生以下反应：

$PbS+2PbO \stackrel{\triangle}{=\!=\!=} 3Pb+SO_2\uparrow$，这是利用硫化铅中的硫来还原氧化铅。

生　有意思，这种方法还可以用在别的地方吗？

师　这个方法只能用来炼铅，它的原理很复杂。做到这一步还不算完，因为这样炼出的生铅中一般都含有银，我们必须把它们分开，才不至于浪费了银。接着，我们还要将铅放在浅炉中加热，加热时必须输入大量空气，让它生成氧化铅。银是一种贵金属，不易与氧气化合，而且在加热时，熔化的氧化铅可以流出来，最后就只剩下银了。

生　您还没有把氧化铅给我看呢！

师　你看，这就是用刚刚我说的那种方法炼出来的氧化铅。它可以凝结成一种略带红色的黄色鳞状物，也就是铅黄。你还可以制造氢氧化铅，并观察它是否能溶在氢氧化钾或氨水里面。

生　它可以溶于氢氧化钾，但不溶于氨水，它是一种白色沉淀。

师　没错，因为它和氢氧化锌一样，都有弱酸的性质，所以才能溶解在氢氧化钾里面。如果我们将氧化铅稍微加热一下，过一段时间就会生成这种红色的物质。

生　真好看！这是什么呢？

师　四氧化三铅，又叫铅丹，化学式是 Pb_3O_4，是氧化铅吸收空气中的氧气所生成的。我在少量四氧化三铅上面倒一些稀硝酸。

生　完全变成深褐色了，这是为什么呢？

师　让我们来研究一下。我把液体过滤出来，你把稀硝酸加进液体中去。

生　瞬间就析出了白色沉淀，所以滤液里面含有二价铅离子。

师　也就是说，硝酸从四氧化三铅中取出了一部分铅，对应的化学方程式是：$Pb_3O_4+4HNO_3 =\!=\!= 2Pb(NO_3)_2+2H_2O+PbO_2$。那种褐色物质的化学式是 PbO_2，名叫二氧化铅，它和二氧化锰一样，都是弱酸性化合物。二氧化铅在工业上用途很广，但我暂时没时间说这些了。

生 真可惜!

师 你以后就会学到的，为了补偿你，我可以做一个有趣的铅盐实验让你看看。我将一种铬酸盐加进铅溶液里，就会生成一种很好看的黄色沉淀，它叫铬酸铅（$PbCrO_4$），又叫铬黄，是一种常用的绘画颜料，邮局的汽车上面的黄色涂层就是铬黄。如果把这种颜料里的铬酸抽去一部分，还可以得到其他颜料。这些颜料的颜色介于橙色和红色之间，名叫铬橙或铬红。这些颜料和铅白一样，都有毒，而且能发生同样的反应。最后，我还要用剩下的醋酸铅溶液做一棵铅树。我用水稀释它，然后放一根锌棒进去，铅就变成金属析出来了。更令人惊讶的是，它会结成美丽的叶状晶体挂在锌棒上，看上去好像一棵倒着生长的大树。通过这个实验，你可以了解金属也能在特定条件下结晶，除此之外，就学不到别的东西了。即使这样，铅树依然很美丽。

第六十七课 | 汞

师 对于水银，你已经很熟悉了，接下来我只要告诉你一些相关的数据就
行了。水银在 39 摄氏度时凝固或熔化，在 358 摄氏度时沸腾，它在 0
摄氏度时的密度是 13.6 克每立方厘米。在常温下，水银不会被氧化，
但在 300 摄氏度或略高于 300 摄氏度的温度下就会被氧化了。你知道，
当我们把氧化汞的温度升高时，它会重新分解为水银和氧气。当其他
金属和水银混在一起时，水银是没有光泽的，这时它的表面会生出一
层灰色的膜，这层膜是由其他金属的氧化物和极细的水银形成的。通
过这个特性，我们很容易鉴定水银是否纯净。水银不能把稀酸类物质
中的氢赶走，但它在稀硝酸中会被侵蚀。我把硝酸倒在一滴水银上面，
再加热，你看到什么了？

生 有黄色蒸气跑出来了，还生成了一种无色液体。这样看来，汞离子是
无色的。

师 没错！有一点我得告诉你：水银可以生成两种离子，一种是一价汞离
子（Hg^+），另一种是二价汞离子（Hg^{2+}）。水银溶于硝酸时，首先
会生成硝酸亚汞（$HgNO_3$），如果将它和更多硝酸放在一起加热，一
价汞离子就会变成二价汞离子，进而生成硝酸汞。

生 我们怎样才能知道溶液中究竟含有哪一种盐呢?

师 有很多种办法,如果往溶液中加入氢氧化钠,一价汞离子就会生成黑色的氧化亚汞。相反,如果溶液里含有二价汞离子,那么就会生成黄色的氧化汞。

生 为什么没有生成氢氧化物呢?

师 最初会生成氢氧化物,但它们很快就会失去水分。氧化亚汞(Hg_2O)是汞、氧两种元素以 2∶1 的比例组成的,而二价汞离子本来应该生成氢氧化汞 [$Hg(OH)_2$],缩水后变成了氧化汞(HgO)。

生 那为什么氧化汞是红的,而不是黄的呢?

师 这跟颗粒大小有关,它从水溶液中沉淀出来的时候是一种细粉,所以是黄色的,你看到的红色氧化汞是用别的方法制造出来的。

生 颗粒大小对颜色的影响有这么大吗?

师 这些红色的晶体是重铬酸钾,你把它磨碎了看看。

生 竟然变成黄色了!

师 我再做一个实验,让你看看一价汞离子和二价汞离子的另一个区别。我把盐酸倒入事先配好的硫酸亚汞溶液。

生 出现了白色沉淀,我好像见过这种沉淀。

师 你说的应该是氯化银吧?这种盐是氯化亚汞,又叫甘汞。氯化亚汞很难溶解,它的化学式怎么写呢?

生 它含有一价汞,所以应该是 $HgCl$。

师 没错,氯化亚汞是最重要的一价汞化合物,而氯化汞($HgCl_2$)则是最重要的二价汞化合物,又叫升汞。

生 升汞和升华①有关系吗?

---

① "升汞"在德语中写作 sublimat,"升华"在德语中写作 sublimieren。

师 有关系，以前人们制造氯化汞时所用的方法就是升华。氯化汞很难溶于水，但它的水溶液有剧毒，稀释后常被用来消毒。如果我把氢氧化钠加在氯化汞溶液中，就会出现黄色的氧化汞沉淀。

生 我们也可以使它变红吗？

师 可以，只要它的温度临近分解温度，再加热一会儿它就会变红。如果我把碘化钾加在氯化汞溶液里，就会得到美丽的红色沉淀，它可以溶解在过剩的碘化钾里面，变成一种很淡很淡的黄色液体。这种溶液不再含有二价汞离子的反应，即使加入再多的氢氧化钾或氢氧化钠，也不会有氧化汞沉淀出来了。根据这些话，你可以得出什么结论呢？

生 二价汞离子变成了其他物质，但我不知道到底是什么物质。

师 最初生成的红色沉淀是碘化汞（HgI_2），碘化汞与剩下的碘化钾化合成一种盐，这种盐就是 K_2HgI_4，其中的离子为钾离子和汞碘根（HgI_4^{2-}）。也就是说，汞与碘生成了一种复根，所以碱也不能让它变成氧化汞析出了。

生 就好像碱不能让氢氧化亚铁从亚铁氰化钾溶液里析出一样。

师 说得好极了！我们要进一步认识碘化汞，因为它的性质值得我们注意——这里有很多碘化汞。

生 这种红色真美！

师 我往试管里面倒一些碘化汞，然后慢慢加热。

生 它居然变黄了，真是出人意料！

师 如果我让它冷却下来，你会看到有几个地方出现了红色斑点，这种斑点慢慢扩大，直到它全部变红。

生 那我们可以让它再变成黄色吗？

师 当然可以，只要把它加热到 126 摄氏度以上就行。如果温度过高，它就会熔解，然后蒸发。试管里的蒸气遇冷会凝结成黄色晶体，你仔细观察一下。

生 又出现了一些红色的斑点，这究竟是为什么呢？

师 碘化汞是一种同质二象的物质，换句话说，它能够形成两种不同的晶体。红色晶体在 126 摄氏度以下是稳定的，而黄色晶体在 126 摄氏度以上和熔点以下是稳定的。当红色晶体加热到 126 摄氏度以上时，它就变成黄色了，而黄色晶体冷却时，就会恢复成红色。

生 为什么呢？蒸气在试管里遇到冷空气，为什么不变成红色晶体，而变成了黄色晶体呢？

师 因为不稳定的现象总是最先出现。我还可以用另一个实验来说明这种情况，在这个实验中，颜色差别比较明显，所以更容易观察出来。我们将碘化汞溶解在酒精里，再让酒精慢慢蒸发，碘化汞就会变成红色晶体析出来，这是因为碘化汞在这里有充分的时间进行转变。但如果我把碘化汞的酒精溶液倒在水里，那么碘化汞就会很快析出，你看，它现在已经不是红色了。

生 析出的也不是黄色晶体呀！而是接近白色的晶体。

师 它的颗粒太细了，所以才会这样。如果我把这些白色的物质放在阳光下面，受光的那一面就会变红。

生 是的，我看见了，这又是什么原因呢？

师 白色沉淀是由不稳定的黄色碘化汞生成的，阳光可以使它加速转变为性质稳定的红色碘化汞。阳光的加速作用很常见，比如很多颜料在阳光下都会褪色，这是因为颜料被空气中的氧气氧化了。这种氧化反应在没有阳光的时候也会发生，但在阳光的照射下会发生得更快。现在，我们要来认识汞的另一种化合物了，那就是朱砂。

生 我见过朱砂，它是一种很好看的红色颜料。

师 朱砂就是硫化汞，化学式是 HgS。我将少量硫化氢溶液慢慢地加入氯

化汞溶液中……

生　析出了白色沉淀。

师　我慢慢地再加一些硫化氢溶液进去，你看，沉淀由白变黄，由黄变红，由红变褐，最后变成了黑色。这是因为硫化汞可以和氯化汞生成不同的化合物，这种化合物所含的硫化汞越多，颜色就越深，等它变成黑色时，就是纯净的硫化汞了。

生　但朱砂是红色的呀！

师　黑色的硫化汞不是晶体，如果我们让它结晶，它就会变成红色的朱砂。自然界中存在一些比较大的朱砂晶体，它们的颜色接近灰色金属，但当它们被磨成粉末后，就会变成红色。由于硫和汞很容易化合，因此我们可以用人工方法让硫化汞结晶，只要按照它们的原子量把它们一起放在研钵里研磨一段时间，我们就能得到黑色的硫化汞，如果加热，反应就会发生得更快。

生　先生成的总是黑色的硫化汞，所以它的性质应该不如红色硫化汞稳定。

师　非常正确！硫化汞是最重要的汞矿，我们可以通过很多种方法从其中提炼水银。

生　它不能像其他金属硫化物那样被煅烧吗？

师　当然可以，煅烧时，硫变成二氧化硫，水银就分离出来了，它在这种情况下不会氧化，但是会蒸发，所以我们必须使水银蒸气冷凝。现在，你告诉我，水银都有哪些用途呢？

生　气压计、温度计等仪器中都要用到水银，水银的某些化合物还能被制成药品。对了，水银还可以用来制造镜子，但具体怎么做我就不知道了。

师　涂在镜面上的那层物质是水银与锌的合金。无论是过去还是今天，水银对化学和物理学的发展都产生了重要的作用。除了你刚才提到的那几种仪器之外，压力计等重要的电学仪器也会用到水银。

第六十八课 | 银

师　今天我要讲银了。

生　银这么常见，为什么不放在前面讲呢？不然我会学得更快。我以前学的东西虽然不算很难，但在学习的过程中需要全神贯注才行。

师　不按照现有的次序来讲，那按照什么次序来讲呢？如果你要了解银的化合物，那你必须先了解氧气、氯气、硫黄以及其他非金属啊！

生　也对哦……金属通常不会单独出现，想要知道如何得到它们，就得先认识其他元素。我知道，银是一种银白色的贵金属，光泽好看，而且很值钱——银为什么这么值钱呢？

师　因为它的产量不多。如果是纯净的银矿，炼银成本就会很低，但这种银矿很少见，我们用来炼银的通常是含银不多的矿物，因此提炼成本也会相应提高。银币和银器的含银量通常不是百分之百，其中含有十分之一的铜。纯银质地太软，很容易弄弯或出现划痕，加点铜进去就会变硬了。银在什么情况下会失去光泽，你还记得吗（第四十一课）？

生　记得，遇到硫就会失去光泽。

师　没错，其实大部分银矿都是银与硫的化合物。有金属光泽的白银并不是银的唯一形式，如果我们往它的盐溶液中加入锌或其他不如银贵重的金属，把它赶出来，就可以得到灰色甚至黑色的银。在特殊情况下，我们甚至可以制出银的胶体溶液，这种溶液的颜色是红褐色或灰褐色的，可以当作药品使用。银可以溶于硝酸，生成硝酸银，但它不溶于稀硫酸。

生 我之前学过，硝酸银是氯离子的检测试剂，它是一种清水般的溶液，所以银离子是无色的。

师 是的，银只能生成一价化合物，银离子（Ag^+）和碱金属离子都是一价的。另外，我还要告诉你，银离子有剧毒。

生 怎么可能呢！我们常常用它来制造汤匙和其他器具呀！

师 这个问题你应该自己思考。银是一种贵金属，所以它几乎不可能变成离子。我们平时使用银器的时候，那些银器也不会变成银离子。硝酸银（$AgNO_3$）是最有名的银盐，它易溶于水，可以形成不含结晶水的大晶体。硝酸银不像多数重金属盐那样有酸性，它完全是中性的，可以证明氢氧化银是一种很强的碱。

生 水会使硝酸银分解为酸和碱。

师 没错！氢氧化银和相应的汞化合物的情况相同：我们把氢氧化银沉淀下来的东西晾干后，它就缩水变成了氧化银（Ag_2O）。我往硝酸银溶液中加入一些氢氧化钠。

生 这些褐色的沉淀是氧化银吗？

师 是的，它是一种很不稳定的物质。如果我把少许干燥的氧化银放在试管里加热，氧气很快就会跑掉，剩下的就是海绵状的银了。氧化银比氧化汞更易分解。

生 所以银比汞贵重。

师 没错！通常情况下，银和氧都不会生成氧化银，只有在特定情况下，氧气才会和海绵状的银化合。至于其他银盐，你已经见过它的卤化物了。

生 是的，它的三种卤化物都很难溶于水。氯化银和溴化银都是白的，碘化银却是黄的，银离子与氯离子、碘离子以及溴离子接触时总会生成这三种物质。

师 没错，这些化合物都比氧化物稳定，即使把它们放在空气中加热也不会分解。大部分盐类凝固后会变脆，但氯化银不一样，它凝固后像兽角一样，可以用刀削或切，所以矿物学家把天然出产的氯化银叫作角银矿。当我们在化学实验室里做分析时，常常会收集许多氯化银，然后将它们变成其他的银化合物。现在我要做一个简单的实验给你看看。这个坩埚里面装着一些氯化银，我把稀盐酸倒进去，在中间放一根锌棒。你瞧，锌棒上面生成了一圈灰色的银，而剩下的氯化银到明天就会被全部还原，你知道这是为什么吗？

生 锌使氯化银变成银后，它就与氯化合了。因为锌是二价的，所以方程式是 $2AgCl+Zn == 2Ag+ZnCl_2$ ，您点头了，看来我没写错。不过有一点我不明白，锌是怎样还原氯化银的呢？

师 你只要明白一点就行了：还原反应并不是发生在氯化银溶液中的任何一处，而是由锌棒向外发生的。锌先让那些跟它直接接触的氯化银照着常规方式还原，然后又与银和氯化银组成了一种湿电池，电流便因此产生了。电流将氯化银的氯离子送到锌棒那里，就生成了金属银和氯化锌。现在，我们要来初步认识一下氯化银的溶解情况。

生 我记得 1 升水只能溶解 0.001 克左右的氯化银。

师 没错，准确地说是 0.0015 克。如果往水里加入氨水，就可以溶解更多氯化银了。这个玻璃杯里的氯化银是由硝酸银加氯化钠沉淀出来的，你看，我加入氨水之后，溶液就变清了，这是什么原因呢？

生 也许是因为氨气和银离子构成了一种新离子吧！

师 没错！这种新离子就是 $Ag(NH_3)_2^+$。此外，氯化银也可以溶解在硫代硫酸钠(第五十一课)中而生成一种新离子，你可以做一下这个实验。

生 是的，它立刻就溶解了。

师 这种反应对于摄影非常重要，你以后有机会可以了解一下。你之前已经认识溴化银了，虽然它在硫代硫酸钠里可以充分溶解，但在氨水里却只能溶解一小部分。根据这一点，我们得知它比氯化银更难溶。

生 氨水和硫代硫酸钠拿走的都是银离子，为什么它们与溴化银的反应会有区别呢？

师 正因为拿走的是银离子，所以才会有区别。银离子是不会完全被氨水拿走的，它总会剩下一小部分。这一部分可以溶于氯化银，但很难溶于溴化银。我之前说过，一种盐类在含有它的离子之一的溶液中是很难溶解的，溴化银就是这样的。

生 那溴化银和硫代硫酸根的情况是怎样的呢？

师 溴化银被硫代硫酸根溶解得更多，因为它拿走的银离子远远多于氨水所拿走的。碘化银的情况又不一样，它比溴化银更难溶解。它溶解在氨水中的量少得可怜，在硫代硫酸钠中也溶解得很少，不过它易溶于氰化钾。

生 它溶解在氰化钾中会发生什么反应呢？

师 其实你已经见过了。我们先来做几个实验，我在银溶液中加入少许氰化钾。

生 析出的沉淀很像氯化银。

师 它是氰化银($AgCN$)。我多加些氰化钾进去，这些沉淀就全部溶解了。现在，无论是加氯化钠还是氢氧化钠，都不会发生变化了。

生 这跟生成亚铁氰化钾或红血盐的情况完全一样！

师 说得好！相应的方程式是 $AgCN+KCN \rightleftharpoons KAg(CN)_2$，生成了含

银氰根 $[Ag(CN)_2^-]$ 的钾盐。银氰化钾溶液中所含的银离子比硫代硫酸钠溶液中所含的银离子更少，所以它也可以通过氰化钾和碘化银的反应生成，方程式是 $AgI+2KCN \Longrightarrow KAg(CN)_2+KI$。如果只写出离子间的反应，那就是 $Ag^++2CN^- \Longrightarrow Ag(CN)_2^-$。你数一数，左右两边的加号和减号是否对等？

生 左边是一个加号和两个减号，相当于多了一个减号，右边是一个减号。没错，两边是对等的。

师 在工业上，银氰化钾溶液还有另一种用处。银可以在电流的作用下在阴极析出，这样得到的银很光滑，它的晶体不像硝酸银溶液析出的银那样明显，因此我们常常利用这种溶液以及电镀法将银镀在其他金属表面。这种方法通常用于家用器皿的制造。

第六十九课 | 锡

师 锡也是一种十分常见的金属，我们很容易就能将锡从它的氧化物中提炼出来。你把锡的性质说来听听。

生 它比铅要白一些，在空气中仍然可以保持原有的金属光泽，它很容易熔化，质地比较软。

师 没错！锡的熔点是 235 摄氏度，在电位次序中排在锌与铅之间，与后者更接近。就这一点看来，锡并不是贵重的金属。但它在水和空气中很稳定，因为它和铝一样，表面有一层氧化膜，这层氧化物可以阻止它继续氧化。以前人们还用锡来制造各种家用器具，但因为它质地太软，现在我们只用它来制造合金与装饰品，或将它镀在其他金属上面。

生 我知道，在铁皮上面镀一层锌，就是马口铁。

师 没错，我们还会在铜制的厨具上面镀锡，因为锡的性质比较稳定，毒性也不大，而铜有毒，且容易溶解在酸性或油腻的食物中。制蒸馏水时用来凝聚蒸气的冷凝器也会镀锡，因为锡在水里很稳定。

生 泉水里面一般含有哪些东西呢？

师 这得看泉水所流经的岩石是什么。一般情况下，泉水里面可能含有钠离子、钙离子、镁离子、氯离子和硫酸根离子，还有必不可少的碳酸根离子。

生　为什么蒸馏水总是有一种奇怪的味道，而不纯净的井水、泉水反而没有呢？

师　那是因为我们喝惯了井水，很少喝蒸馏水，我们总是会对最熟悉的事物丧失感觉。

生　确实是这样的，这就好比磨坊老板只有在磨子不发出声音时才会注意到它。

师　锡在稀酸里溶解得很慢，在浓盐酸里溶解得比较快。我在试管里放少许锡箔，再倒些盐酸。只有在加热它们的时候，氢气才开始释放。

生　锡箔是什么呢？

师　是一种很薄的锡纸，我们可以用它把各种物品包得密不透风。

生　所以我们经常用它来包裹巧克力和干酪。我以前还以为因为它像银子，所以我们才用它来包装食品。

师　在我们说话的时候，锡箔已经溶解了。溶液里含有二价锡根（Sn^{2+}）和一系列化合物，锡在那些化合物里面是四价的。你看，二价锡根是无色的，可以和硫化氢溶液生成褐色的硫化亚锡（SnS）沉淀。硫化亚锡和氢氧化钠反应可以生成白色的氢氧化亚锡 [Sn（OH）$_2$]，氢氧化亚锡可以溶解在过剩的氢氧化钠里，所以它具有弱酸性。这种溶液是一种很强的还原剂，因为二价锡根变成了四价锡。我在氯化亚锡溶液里加入少许氯化汞，你瞧，生成了白色沉淀，但当我加热它的时候，它就变成灰色了。你仔细想想，这是为什么？

生　氯化汞是 $HgCl_2$，还原剂唯一的作用是让它失去氯，我觉得最先得到的白色物质一定是 HgCl，但那灰色的物质是什么呢？

师　氯化亚汞被夺走更多氯后会变成什么呢？

生　水银，但水银应该是亮晶晶的珠子呀！

师 灰色的物质的确是汞,因为分离出来的是很小的珠子,所以我们看不出来。如果我们将液体多加热一段时间,那么小珠子就会渐渐结合成大珠了,这时我们就能看出它是水银了。我把这些灰色的东西涂在铜片上面……

生 铜片变得像银子一样亮了!

师 这就是铜和汞的合金。你看,这种盐是我们把锡溶在盐酸中,然后蒸干溶液后得到的,它叫氯化亚锡,常被用来染色。氯化亚锡含有两个结晶水,化学式是 $SnCl_2 \cdot 2H_2O$。你把它溶在水里看看。

生 它溶解得很快,但溶液是浑浊的。

师 它从空气里吸收了氧气,变成了难溶的四价锡化合物,所以我们总是把少许盐酸和一些锡箔加在二价锡溶液里面,让它一直保持功效。

生 我明白了,这和铁的情况是一样的。

师 没错,我再来说说四价锡根(Sn^{4+}),虽然我们对它还不太了解。你看,这就是氯化锡。

生 和清水差不多嘛!

师 它的沸点略高于水,是 120 摄氏度。

生 您是不想让它蒸发,所以才把它密封起来的吗?

师 不是,是因为它会在空气中变成烟雾分解。

生 它还会继续氧化吗?

师 不会,它不会和氧气发生反应,会和水蒸气发生反应。它可以和水按照下列方程式分解为盐酸和氢氧化锡:$SnCl_4 + 4H_2O = Sn(OH)_4 \downarrow + 4HCl$。这里面装的是氯化锡,我把它们倒在水里。

生 它在冒烟,但水溶液还是很清澈,氢氧化锡可以在水里溶解吗?

师 一部分可以形成胶体溶液,如果我们将液体保存一段时间,氢氧化锡就会慢慢变成比较大的沉淀了,但它的另一部分仍然会以离子形式存在于溶液中。当我把硫化氢溶液加进去时，我会得到一种黄色的硫化锡（SnS_2）沉淀。当我把氢氧化钠慢慢加进去时，先析出了氢氧化锡，氢氧化锡易溶于过剩的氢氧化钠，所以我们也将氢氧化锡称作锡酸，将它的盐称作锡酸盐。溶液里含的是锡酸钠，相应的方程式是 $2NaOH+Sn（OH）_4 \xlongequal{\quad} Na_2SnO_3+3H_2O$，其中的情况很复杂，我们留到以后再学吧！你说说，氢氧化锡的缩水物的化学式应该怎么写呢？

生　SnO_2。

师　没错，这和二氧化硅的化学式是相似的——锡和硅确实有很多相似的地方。自然界中存在二氧化锡，以锡石为主。锡在空气中加热后容易变成灰色的粉状二氧化锡，可以用来抛光金属，它很容易被碳或氢气再次还原为锡。

生　那么硫化锡呢？

师　这是硫化钠溶液，硫化钠是硫化氢的钠盐，可以令许多金属盐硫化。不过，光用硫化氢还不能达到这个目的。

生　因为那些硫化物又会被生成的酸溶解。

师　没错，但之前硫化锡是从酸性溶液里被硫化氢沉淀下来的，所以它是难溶的硫化物，但如果我把硫化钠倒在黄色沉淀上……

生　它溶解了，一定发生了新的反应。

师　硫化钠和硫化锡化合成一种盐了，方程式是 $Na_2S+SnS_2 \xlongequal{\quad} Na_2SnS_3$。

生　我好像见过一个类似的化学式。

师　也许你把它和锡酸钠的化学式 Na_2SnO_3 记混了，它们的确很像，只是一个含氧，一个含硫。这两种物质都是盐，它们除了钠离子之外，一个含有锡酸根（SnO_3^{2-}），一个含有三硫代锡酸根（SnS_3^{2-}）。这一类被硫取代的离子和含氧盐有很多，我们将它们统称为"硫代某物"，

所以 Na_2SnS_3 叫作三硫代锡酸钠，SnS_3^{2-} 则叫三硫代锡酸根。

生　为什么以前没见过这种盐呢？

师　因为以前所讨论的金属无法生成这种盐。除锡以外，金和铂也可以生成这种盐。现在我把盐酸加在三硫代锡酸钠溶液里，你看，黄色的硫化锡又沉淀出来了。你把相应的化学方程式写出来。

生　$Na_2SnS_3+2HCl \rightleftharpoons 2NaCl+SnS_2+\cdots\cdots$ 还有什么呢？两个氢和一个硫……是硫化氢吗？但它并没有释放出来啊！

师　你闻一闻，它只是充分溶解在水里了。

生　是的，我闻到了。

师　这个反应不能光看表象。盐酸和某种盐发生反应时，应该生成什么物质呢？

生　对应这种盐的酸。

师　没错，所以方程式应该是 $Na_2SnS_3+2HCl \rightleftharpoons 2NaCl+H_2SnS_3$。不过这种酸不稳定，马上就会分解为硫化氢和硫化锡，这种情况和碳酸分解成水和二氧化碳相似。

生　我明白了，硫代含氧酸盐和含氧酸盐确实有类似之处，对前者而言，会生成硫化氢，对后者而言，则会生成水。

师　没错！现在我在少许氯化亚锡溶液中加入硫化氢，你看，生成了黑褐色的硫化亚锡（SnS）。我再把硫化钠倒在上面。

生　它不溶解。

师　所以它无法生成硫代含氧酸盐。我仍然把硫化钠倒出来，而用另一种在硫粉上搁置过的硫化钠溶液来代替它倒进去，这种溶液溶解了硫黄，所以变成了黄色。

生　硫化亚锡溶掉了。

师　你再把盐酸加进去看看。

生　沉淀是黄色的，不是褐色的了。

师　答案就藏在这里面，溶解在硫化钠里的硫与硫化亚锡化合了，所以才能生成三硫代锡酸钠，方程式是 $Na_2S+SnS+S \Longrightarrow Na_2SnS_3$。这是一种普遍现象，在我以前讲过的众多金属中，只有含硫较多的化合物才能生成硫代含氧酸盐，含硫较少的硫化物虽不能溶解在一般的硫化钠里，却能溶解在黄色的硫化钠里。

生　我本以为我对金属的重要反应已经了如指掌了，没想到还有这么多新知识！

师　你以后还会碰到的，我说的这些只是很小的一部分，你千万不要以为这就是化学的一切。即使我们花费一生的时间，也无法学会所有的化学知识。

第七十课 ｜ 金和铂

师 金和铂在电位次序中的位置和碱金属恰好相反，后者很难从化合物中提取出来，即使提取出来，也很容易变回化合物，金和铂却很难变为化合物，它们在许多情况下不会化合，即使生成了化合物，也容易分解。有一种现象可以说明这种情况，那就是自然界中通常只有金属状态的的金和铂，最多也只有它们和其他贵金属的合金，但是从来没有它们的盐类化合物。

生 那它们岂不是没有什么东西好学的吗？

师 那倒不是，它们和氮很相似，氮虽然很难生成化合物，但它生成的化合物种类却很多，尤其是铂，它的化学反应很复杂。其中的特殊情况，我先不教你了。我们先来讨论金，你把它的性质说来听听。

生 金是黄色的，它很有光泽，在空气中不会变暗，它的密度很大，是一种昂贵的金属。

师 没错，金是人们最爱使用的一种货币金属，几乎所有国家都用它来作币制的本位。金在自然界中总是以金属的形式出现，所以只要用物理方法使金子从泥沙中分离出来就行了。

生 金子怎么会跑到泥沙里去呢？

师 它是在岩石风化时与石英一起残留下来的。以前人们只知道淘金的方法，即搅拌水中的金沙，使质量较小的沙子被水带走，而使质量较大的金子留在容器底部。但是许多金子的颗粒很小，会随沙子一起被带走。我们最好用水银来处理这种金矿，因为沙子不溶于水银，但金子很容易溶于水银。

生 然后用蒸馏的方法得到金子吗？

师 没错，不过有些金矿中的金子颗粒很小，连水银也不能把它取出来，这时候就得使用氰化钾的稀释溶液了，它可以使金子变成化合物并溶解，至于溶解时会发生什么现象，我以后再告诉你。金子通常不会被酸类腐蚀，但硝酸和盐酸的混合物却能使它溶解，我们将这种混合物称作王水，因为它能溶解金属之王——金。我在王水中放入一片金，你看，它很快就溶解了，变成了黄色液体。

生 所以金离子和金一样，也是黄色的。

师 是的。关于铂的知识，你知道哪些呢？

生 铂是一种有光泽的灰色金属，熔点很高，几乎不被任何物质腐蚀，所以我们可以用它来制造各种器具，它还能被用作催化剂。

师 没错，在自然界中，铂也只以金属的形式出现，所以它也是用淘洗的方法提取出来的，但得到的只是它和与它相似金属所构成的混合物。

生 难道这类金属还有很多种吗？

师 只有少数几种，其中铂的产量最多。要得到纯铂，必须把铂矿溶解在王水中，铂溶于王水后，会生成氯铂酸，化学式是 H_2PtCl_6。

生 这和金溶于王水的情形不太一样。

师 有相似的地方，如果我们把金子溶解在王水里，因为有过剩的盐酸，所以会生成四氯金酸（$HAuCl_4$），反应方程式是 $AuCl_3 + HCl \Longrightarrow HAuCl_4$。我们可以用氯化铵把铂从氯铂酸里沉淀出来，生成的是铂氯化铵，化学式是（NH_4）$_2PtCl_6$，它会变成一种很难溶的晶体析出，只有借助显微镜才能看到。

生 我好像学过一种与它相似的物质。

师 是的，那是氯铂酸钾（K_2PtCl_6）。铂在很多气体反应中具有催化作用，我已经说过很多次了，你还记得吧？

生 记得！

师 好了，我们的化学课程要暂时告一段落了。如果我所讲的这些知识能让你对化学产生更大的兴趣，那我就高兴极了！我希望你能学到更多的化学知识。

生 我确实想学到更多，但很可惜，马上就要放假了，在假期中我学不到新的化学知识。

师 但你可以好好复习我讲过的这些内容，这能让你掌握得更好。

生 我就知道您会这么说，不过收获新知识的快乐在复习中是很难体会到的，所以您能推荐一本更高级的化学书让我预习一下吗？

师 我看你只是想学习新的化学知识，至于预习与否倒在其次。不过我不反对你这样做，因为这是你自己的选择，你会投入更多精力、收获更好的效果，这远远好于别人强迫你做出选择。不过在今天，选择化学书是一个棘手的问题。最近几十年，我们对科学的见解以及研究科学的方法都发生了很大的改变，然而很多书籍还是根据过去的学说写成的。我在课堂上教给你的都是最新的研究成果，如果你再按照老方法去学习，就会遇到很大的困难。我可以推荐的书只有一本，这本书的内容与当下最新的研究成果是一致的，它就是威廉·奥斯特瓦尔德的《无机化学概要》。这本书里面的内容比你过去所学的要难很多，但你可以在其中找到很多问题的答案，这些都是我过去没有为你解答的。

生 这正合我意！